文普
化华

PUHUA BOOKS

我
们
一
起
解
决
问
题

Jacob Burak

［以色列］雅各布·布拉克　著

郭书彩　胡紫薇　译

How to Find a Black Cat
in a Dark Room

如何在黑暗的房间里找到一只黑猫

人类的恐惧、偏见、自恋与秩序感

人民邮电出版社

北京

图书在版编目（ＣＩＰ）数据

如何在黑暗的房间里找到一只黑猫：人类的恐惧、偏见、自恋与秩序感 /（以）雅各布·布拉克（Jacob Burak）著；郭书彩，胡紫薇译. -- 北京：人民邮电出版社，2024.3
ISBN 978-7-115-63597-6

Ⅰ. ①如… Ⅱ. ①雅… ②郭… ③胡… Ⅲ. ①心理学—通俗读物 Ⅳ. ①B84-49

中国国家版本馆CIP数据核字(2024)第019278号

内 容 提 要

每个人都有自己的需要、目标、想解决的问题、想实现的梦想。然而，在这个充斥着焦虑和不确定性的世界里，很多人在追逐这些东西的过程中会迷失方向，陷入不安的痛苦和执着的坚持中。而这些看似不同的需要背后，存在的是一些人类共同的追求：爱、信任、力量、理解。这也是作者雅各布·布拉克一直在寻求和想要告诉我们的事情。

本书通过有趣的实验、科学的研究、通俗的轶事、诙谐的行文向我们道出了一些深刻的人生哲理：我们与他人并没有那么不同，而是相似的；我们天生对消极信息更敏感；我们的对手往往使我们更强大；我们想要的东西不一定是真正重要的。焦虑、不安、困惑、不信任等都是生命中的"噪声"，我们需要找到这些"噪声"的根源，并采取措施努力减少它，这样，我们才能过上更平和、更有成效和更快乐的生活。

本书适合普通大众阅读，尤其适合对生活感到迷茫、不知道如何前进的人，想要了解人类普遍行为和普遍思维模式的人，想活得更通透、更快乐的人，以及对心理学感兴趣的人阅读。

◆ 著 ［以色列］雅各布·布拉克（Jacob Burak）
译 郭书彩 胡紫薇
责任编辑 黄海娜
责任印制 彭志环

◆ 人民邮电出版社出版发行 北京市丰台区成寿寺路 11 号
邮编 100164 电子邮件 315@ptpress.com.cn
网址 https://www.ptpress.com.cn
天津善印科技有限公司印刷

◆ 开本：880×1230 1/32
印张：8.25 2024 年 3 月第 1 版
字数：150 千字 2024 年 4 月天津第 4 次印刷
著作权合同登记号 图字：01-2023-3714 号

定 价：59.80 元
读者服务热线：(010) 81055656 印装质量热线：(010) 81055316
反盗版热线：(010) 81055315
广告经营许可证：京东市监广登字20170147号

前言

本书的英文书名源于西方人伪造的一句孔子的名言："天下最难的事情是在黑暗的房间里找到一只黑猫，尤其是在没有猫的情况下。"也就是说，在开始寻找之前，你最好知道自己要找什么。那些对要寻找的事物的本质不完全清楚的人，不会成功地找到它。但是，即使没有猫，那些也能在黑暗的房间里发现黑猫的人呢？我们应该说他们富有创造性、创新性，还是说他们只是爱幻想？

那些展示用热敏相机拍摄的黑猫照片，以说服别人他们确实有可能找到黑猫（即使在表面上没有黑猫的地方）的人呢？我们应该对这张照片置之不理，认为它是利害关系人伪造的东西，还是应该将其视为一个机会，以此来拓宽我们对黑猫（尤其是黑暗房间里的黑猫）的看法？

我出生于1948年，也就是以色列建国的那一年，我在那里长大并接受教育。与这个国家一样，我也经历过很多：我曾在以色列理工学院学习工程学，后来从哈佛商学院项目管理专业

（PMD）毕业；我曾担任海军中校，创建了一家领先的管理咨询公司，也是西蒙·佩雷斯"100 天"团队的成员；后来我成立了常青（Evergreen）投资公司，该公司后来成为以色列风险投资的先驱。2007 年，我离开商界，投身于写作和社会活动。如果说我在这些年的不同经历中学到了一样东西，那就是军事、商业和慈善事业的核心都是人，而人的本质是人心。因此，我要寻找的黑猫通常隐藏在行为科学领域的非凡研究中。

本书介绍了一些对我个人经历有帮助的研究结果。然而，选择在书中呈现哪些研究并不是任意的，也绝不是由其科学重要性决定的。选择呈现哪些研究反映了我的信念，旨在为我的世界观服务。

尽管如此，本书也会引用来自其他渠道的见解和发现，这些见解和发现源于真正的好奇心，并且不受我的偏见的影响。有必要对两者进行区分吗？不一定，要知道两种来源都会引发思考，其重要性首先在于此。无论如何，请记住一点：时间是最好的策展人，而不是作者。一条最重要的规则是：重要的东西不一定是新的，而新的东西可能并不重要。

本书提出的核心问题是：我们在多大程度上真正受到他人经验和研究结果的束缚？我们是潜在试验品的大量受众中的一员，还是受众中独特的个体，天生具有选择不同行为的自由？换句话说，我们可以从这些研究结果中学到什么，还是说它们适用于我们周围的每个人，而不适用于我们自己？说起来有点矛盾，如果你像我一样将研究结果与自己进行比照——即使它们揭示了我们不那么讨人喜欢的一面，如嫉妒、报复、物质主义或拖延——你就有机会从中学到一些东西，得出一些结论，选择一条对你的情感健康和你所生活的社会的福祉更负责任的道路。另一方面，如果你仍然觉得自己是如此独特，以至于这些发现不适用于你，那么你可能会错过重要的转变机会，一个向着好的方向转变的机会。

本书共分为四篇，每篇都有几章内容。

第一篇"值得过的生活"讨论了错失恐惧症的危害。这种对错过社交或其他事件的恐惧，使我们疯狂地从一个电子产品冲向另一个电子产品。但真正重要的问题是，如果我们大多数人注定要过毫无意义的生活，仅仅是在精神上生存，那么我们是否真的错过了什么。

本篇还将讨论对最终结果的检验的有限重要性、由谦卑带来的令人愉悦的宁静，以及我们可以掌控的十条幸福法则，其中一些法则并非不言自明。

第二篇"为什么聪明人会干傻事"介绍了伴随我们日常决策的一些普遍偏见。你会发现，我们几乎不认识自己了，我们对统计数据的无知，加上过度的自信，会产生一种爆发性混合物，导致我们做出错误的决定。在这里，谦卑羞答答地抬起头，并向我们解释道，智慧不是知识。事实上，智慧是那些认识到自己知识局限性的人的一种道德品质。

第三篇"一切都井然有序"回顾了我们在生活中遇到混乱时，建立秩序所使用的一些常见工具。其中一些是有意识的，例如，我们辛辛苦苦准备的"待办清单"，还有一些是无意识的，例如，我们将消极事物置于积极事物之上这一倾向。事实证明，我们对消极事件比对积极事件的印象更深刻，大脑中与情绪活动相关的大多数神经元都在寻找坏消息。这是为什么呢？

第四篇"人海独行"讨论了我们作为个体想对他人产生影响的愿望与我们的社会归属需求之间的历史平衡遭到破坏。技术手段与社会价值观（如人际信任）削弱的独特结合，正在为一个已经被定义好的自恋时代铺平道路。社会钟摆还能摆回去并恢复平衡吗？本篇还试图讨论我们彼此是更相似还是更不同这一问题，并找到了我们对劲敌感到厌恶的根本原因。

后面是 50 项促使我重新审视我的世界观的研究（和故事）。现在，它们也是你的了，我希望你也像我一样发现自己沉浸其中。

目录

第二篇 为什么聪明人会干傻事

第三篇　一切都井然有序

插画师：小丸子

第一篇

值得过的生活

但愿

生活总会给你第二次机会，它叫作"明天"。

"我们怀念生活的方式就是生活。"
——兰德尔·贾雷尔（Randall Jarrell）

"未经审视的生活当然值得过，但是，想有但从没有过的生活值得审视吗？"英国精神分析学家亚当·菲利普斯（Adam Phillips）在《错过：赞美想有但从没有过的生活》（*Missing Out: In Praise of The Unlived Life*）一书的开头问了这个看似奇怪的问题。他断言，当我们发现我们把多少时间用于思考我们想有但从没有过的生活时，当我们在思想中继续体验这一生活，就好像它是潜近我们生活的影子时，这个问题就变得很重要了。想有但从没有过的生活是我们本可以拥有的生活，是我们没有抓住的机会、错过的机遇。

菲利普斯还说："在羡慕他人时，在有意或无意地要求孩子时，在想让孩子成为我们无法成为的人时，我们能最清楚地发现这些我们想有但从没有过的生活。"还有一些人，对他们未能过上的生活不停地抱怨，他们的生活就这样被抱怨所吞噬。

达尔文理论的一个可悲的副产品是，人们接受了这样一个事实：作为属于特定物种的个体，我们没有什么独特之处。我们认为自己独一无二，只是为了给我们的生活赋予意义。这种从父母教育开始的独特感被消费文化所强化，消费文化完全依赖于它满足它的主体表面上的"独特"需求的能力。当这些需求得不到满足时，遗憾就会油然而生。

在过去，尤其是在行为准则更加严格的文化中（例如，包办婚姻和选择生活方式的自由有限），我们后悔的机会反而更少。但在一个以成就为导向、崇尚选择自由的社会中，想突然摆脱后悔是很困难的。当个体被推动着去实现一切可能时，似乎正是在那里，在我们没有经历过的生活中，我们可以变得更加独特。而现实最终总是令人失望，后悔便变得不可避免。这一领域的研究区分了两种后悔，一种是由行动造成的后悔（我们做了某事，但希望自己没有做），另一种是由没有行动或遗漏造成的后悔（我们没有做某事，但要是做了会很高兴）。

研究表明，在短期内，由行动（如选择不合适的工作）造成的后悔大于由没有行动（如未完成学业）造成的后悔。然而，从长远来看，当受访者被问及他们人生中最大的遗憾时，他们提到的主要是他们没有做的事——他们没有接近某个男人或女人，他们没有追求某份工作，以及他们在父母离世前未能以妥善的方式与父母告别。研究还表明，面临大好机遇时的不作为往往最让我们感到后悔：首先是错失教育机会，其次是错失职业机遇。后面按照懊悔程度由大到小分别是：浪漫关系，养儿育女，自我发展和对闲暇时间的利用。

因行动而产生的后悔不如因没有行动而产生的后悔那么令人不安，其直接原因是我们至少有机会纠正行动的结果，例如，辞去我们选择的不合适的工作。但是另一方面，我们永远会把那个我们没有追求的女人或男人放在心里。因没有行动而后悔的程度更高的另一个解释是，我们行动的结果是有限且确定的，而不行动的结果只受评估者想象力的限制，并且往往被放大到不合理的程度。

尽管如此，所有研究人员对这一重要主题的研究发现都是基于健康参与者的反应，其中一些参与者是学生，他们还太年轻，无法从适当的角度评估自己的生活。这就产生了一个简单的问题：他们的反应在他们的生命结束时会改变吗？如果可靠性是我们的指路明灯，那么也许我们应该向那些知道自己时日不多的人求证答案。

这正是布朗尼·韦尔（Bronnie Ware）所做的。韦尔是一名澳大利亚临终关怀师，为那些回到家中度过最后时光的临终患者提供护理，以了解他们在生命的最后几周里最大的遗憾。她把这些人的顿悟记录在了博客中，并以此出版了一本书《临终者的五大遗憾》（*The Top Five Regrets of the Dying*）。她在书中描述了人们在生命最后的日子里获得的清晰的内省。以下是韦尔记录的临终者的五种最常见的遗憾。

1. 但愿我有勇气过真正属于自己的生活，而不是别人期望我过的生活。

这是最大的遗憾。"当人们意识到自己的生命即将结束并清楚地回顾过去时，他们很容易发现自己有多少梦想没有实现。"韦尔在她的博客中写道："大多数人甚至连一半的梦想都没有实现，他们在临死前才知道这是由他们做出的选择或没有做出的选择造成的。很少有人能意识到由健康带来的自由，直到他们不再拥有它。"

2. 但愿我不用那么拼命地工作。

她照料的所有男性，无一例外地表达了这种遗憾。他们错过了孩子的青春期和对伴侣的陪伴。女性也谈到了这种遗憾。但由于大多数临终患者来自老一辈，因此许多女性患者并不是挣钱养家的人。韦尔总结道："我照料的所有男性都非常后悔把生命中太多的时间花在了无休止的工作上。"

3. 但愿我有勇气表达我的感受。

韦尔在她的博客中进一步解释道："许多人为了与他人和平相处而压抑自己的感受。结果，他们安于平庸的生活，从未成为他们真正有能力成为的人。"事实上，这名前临终关怀师声称，他们患上的一些疾病是由他们内心的积怨和愤恨所致。她建议道："我们无法控制他人的反应。尽管你在一开始改变自己的方式，说话变得坦诚时，人们会做出意外的反应，但最终这会将关系提升到一个全新的、更健康的层次。"

4. 但愿我能和朋友们保持联系。

韦尔的患者们承认，他们没有意识到与老朋友保持联系的重要性，直到为时已晚。许多人忙于自己的生活，以至于让多年的"黄金友谊"从身边溜走。许多人后悔没有把时间花在他们应得的友谊上。

韦尔说："每个人在临死时都想念他们的朋友。"她指出，在忙碌的生活中，让友谊悄然溜走是很常见的。当死亡临近时，金钱和地位就突然失去了光彩。"最终，一切都归结为爱和关系。

在最后的几周里，只有爱和关系能够留下。"

5. 但愿我能让自己更快乐。

　　韦尔对这种遗憾感到惊讶，她的许多患者都有同感。"许多人直到最后才意识到，幸福是一种选择。他们墨守成规与旧习。熟悉感所带来的所谓的"舒适"充斥着他们的情感生活和物质生活。对改变的恐惧使他们对别人和自己都假装他们很满足。而在内心深处，他们却渴望开怀大笑，渴望自己能活得像个孩子。"

逃离矩阵

对错过的恐惧，困扰着我们的社交网络和现实生活，但我们还是有办法摆脱这种恐惧的。

下面有个测试你可以试试：用数字 1～7 对这些情景进行评分，1 分表示轻微不适，7 分表示极度痛苦。

场景 1

一天早晨，你像往常一样浏览新闻网站。然而，今天你只有 15 分钟的时间阅读新闻，而不是通常的 30 分钟。你必须跳过自己喜欢的一些栏目和版块。你如何评价自己的不适程度？（大多数人可能会选择一个低级别，如 2 分。）

场景 2

你要去纽约旅游，你发现自己根本无法参观所有的展览，观看人们推荐的所有剧目，甚至连当地朋友赞不绝口的一些"必去之地"也去不了。你现在是什么感觉？ 5 分？

场景 3

你正在与朋友共进晚餐，你们约定今晚不用手机。但是，你的手机不停地发出提示音。你的社交网络上显然有什么事儿发生，但你无法查看。你现在感受到的压力可能不止 7 分。

来了解一下错失恐惧症（FoMO）吧，这是一种最新的文化失序，它正在悄然破坏我们内心的平静。错失恐惧症是技术进步和社会信息激增的产物，它是一种感觉，即让我们感觉错过了其他地方正在发生的更令人兴奋、更重要或更有趣的事情。这是一种不安的感觉，觉得其他人正在经历更有价值的体验，我们却不是其中一员。根据最近的一项研究，56% 的社交网络用户都患有这种现代"瘟疫"。

当然，这种错失感并不是什么新鲜事。许多文学作品都描述了爱的愿望与社会保守主义之间那令人痛苦的冲突。早在我们能在社交软件上搜索高中朋友之前，伊迪丝·华顿（Edith Wharton）、夏洛特·勃朗特（Charlotte Brontë）和司汤达（Stendhal）等人就描述过对错失的忧虑。

然而，19 世纪的主人公终其一生都在为错失某个机会而苦苦挣扎，而今天不断涌现的信息则提醒我们世界匆匆而过，这种提醒令人不安。当你阅读这段话时，一些朋友可能在举办聚会，另一些朋友可能在聚餐，而你可能都错过了。也许你愿意话没说完就掐断一通电话，去接听另一通电话，甚至不知道对方可能是谁。晚上，你再次郑重发誓要放下手机或关闭电脑，可你在上床之前又偷看了一眼屏幕，唯恐错过仅仅是泛泛之交，甚至是陌生人发的一些无关紧要的东西——要么是请求加你"好友"，要么是一些趣闻。

正如上一章所讨论的，人们在临终时的遗憾往往集中在没有做的事情上，而不是做过的事情上。如果是这样的话，那么经常看着别人做我们没有做的事情，将成为让我们未来后悔的肥沃土壤。餐桌另一端的热烈对话可能会让我们罹患错失恐惧症，就像社交媒体向我们推送的令人眼花缭乱的节目、派对、书籍或最新的消费趋势一样。

我们迷人的在线人设——从远处看起来如此诱人——使错失恐惧症变得更加有害。麻省理工学院的社会心理学家、《群体性孤独》（*Alone Together*）一书的作者雪莉·特克尔（Sherry Turkle）曾说过，技术已成为我们定义亲密关系的主要成分。我们将社交网络上数百甚至数千个"好友"与现实中少数几个亲密的朋友混为一谈。特克尔根据数百次访谈结果指出，我们为技术繁荣所付出的代价是重要的关系——与父母、子女或伴侣的关系——逐渐淡化,一种新型的孤独感应运而生。"我们在人际关系中缺乏安全感,对亲密关系感到焦虑,"她写道,"我们希望通过技术来建立关系,同时保护自己免受其害。"如果你曾惊讶地看到某个人敲打出无休止的短信,而不是真正与那些和他在一起的人交谈,你就会从特克尔的看法中找到安慰:我们与技术的关系仍在发展中。每时每刻与每个人保持联系是一种新的人类体验,只是我们还不具备应对这种体验的能力。

特克尔说,如果我们能设法让自己远离这些设备,哪怕只是很短的时间,我们就可以减少对技术的依赖。我们会不会有一天从错失恐惧症匿名组织那里购买设备以帮助我们从技术成瘾中恢复过来?我设想的设备以随机的、意想不到的间隔传递信息——发送方和接收方都不会提前意识到延迟。这将迫使设备拥有者错过一些信息并惊讶地发现,没有这些信息,他们仍然可以正常地生活。

即使采取了这些干预措施,但只有当我们认识到是我们的大脑和我们的人性(而不是我们的技术)最终促成了这种沉迷,问题才有可能得到解决。如果我们不能诚实地问自己,为什么我们如此害怕错过,我们就无法寻求解决方案。

牛津大学的社会科学家安德鲁·普日比斯基(Andrew Przybylski)对这种迅速蔓延的疾病进行了实证研究,研究结果于 2013 年发表在《人类行为的计算机》（*Computers in Human Behavior*）杂志上。他得出的一个结论是，错失恐惧症是社交媒体使用背后的推动力量。年轻人，尤其是年轻男性的错失恐惧症水平最高。不专心的驾驶员的错失恐惧症水平很高，他们一边开车一边做其他事情。也许最能说明问题的是，错失恐惧症主要发生在那些在爱、尊重、自主和安全等方面有心理需求却没能得到满足的人身上。总而言之，我们害怕错过爱，害怕失去归属感。那些在工作中投入大量精力的人也害怕错过职业发展的机会，或者一笔有利可图的交易。

牛津大学的演化心理学家、《你需要多少朋友》（*How Many Friends Does a Person Need?*，2010）一书的作者罗宾·邓巴（Robin Dunbar）说过，只要我们更多地了解自己，这个问题可能就会得到缓解。邓巴声称，我们不具备区分一个群体中超过约 150 名成员所需的情感和智力能力——成员的数量相当于新石器时代农耕村庄的平均规模。但是，你把这句话告诉美国普通青少年试试，他们平均每个月会发送 3000 条短信，就这样还担心如果不立即回复就会遭到排斥，有时他们的网友高达数千人。

不受他人意见的影响，从社会比较中解脱出来，只有极少数人能够做到。足够强大，能够承受错失恐惧症力量的自律也同样罕见。

那么，对于如此有害的影响我们生活质量的事情，我们能做些什么呢？针对错失恐惧症潜在情感原因的心理治疗成本太高，而且侵入性太强，而仅仅发誓远离电子设备也是行不通的。相反，应对错失恐惧症的最好方法可能是，认识到在疯狂的生活节奏下，我们有时注定会错过一些事情。而当我们错过时，我们实际上可能会改善我们所做的选择的结果。

这种简单的方法是由美国多学科研究者、诺贝尔经济学奖获得者赫伯特·西蒙（Herbert Simon）于 1956 年提出的。他用"满足最低要求"（satisfice）这个词——"满意"（satisfy）和"足够"（suffice）的结合——来建议我们不要试图使我们的利益最大化，而是寻求一个仅仅是"足够好"的结果。西蒙的策略基于这样一个假设，即我们根本没有优化复杂决策的认知能力。我们无法处理权衡所有可选项和可能结果所需的大量信息——无论是在社交网络上，还是在社交网络之外。因此，最佳做法是"满足最低要求"——选择符合我们预定标准的第一个可选项，这已经足够好了。

1996 年，西蒙出版了一本自传，将自己的一生描述为一系列零散的决策，在这些决策中，他选择了"足够好"的选项，而不是可能的最佳选项。西蒙声称，大多数倾向于优化决策的人并没有意识到收集信息对其整体利益所造成的巨大损失。在日常决策中，我们付出的代价是幸福感。如果你有这样一个朋友——外出吃饭时除了最时髦的餐厅，哪家餐厅都不去，或者直到找到完美的服装才会买——那么你会感激"足够好"策略带来的解脱。

对西蒙方法的研究表明，坚持优化决策的人最终对其所做选择的满意度低于那些用"足够好"来将就的人。其他研究澄清了原因：前者的成就实际上低于后者，尤其是当决策涉及权衡可能的结果时。在斯沃斯莫尔学院的社会心理学家巴里·施瓦茨（Barry Schwartz）主持的一系列实验中，参与者被要求填写一份自我评估问卷，以确定其优化决策倾向（根据其对"我从不退而求其次"或"我常常觉得为朋友选购礼物很困难"等表述的认同程度）。另一份问卷测量了参与者感到后悔的倾向。然后，研究人员根据参与者在两份问卷中的回答对他们进行分类。研究人员发现，优化决策倾向与幸福感、自尊和满意度呈负相关，而与抑郁、完美主义和后悔呈正相关。该系列的另一项研究发现，有优化决策倾向的人也会进行更多的社会比较，并且会在自己不如别人时受到不利影响。

等一下——社交网络上的错失恐惧症不正是基于这种比较吗？如果是这样，"满足最低要求"能带来解脱吗？用西蒙的参数来分析错失恐惧症可以发现，这与他研究的决策过程有着惊人的相似之处，这些过程的特征是认知过载和严重影响幸福感。

当今丰富的信息，尤其是在线信息，正在消耗我们的另一个宝贵资源：我们有限的注意力。我们难以将已经负担沉重的注意力分散到前所未有的大量信息上，这不仅是由于我们在区分优先顺序上的认知问题，还在于我们无法消化和处理所有信息。与错失恐惧症相关的痛苦是我们的灵魂在呼救，恳求我们限制肤浅的连接，以及在网站之间的疯狂跳跃，以免我们的生活质量，以及表达亲密和个性的能力受到侵蚀。

针对这一严重问题采用"足够好"的方法不仅仅是一种改善决策的策略。它首先是一种世界观，一种生活方式；一些研究人员甚至认为它是一种遗传的人格特质。

证明这种方法有效性的证据比比皆是。在商界，从长远来看，牺牲利益最大化而选择预先设定的"足够好"是最佳策略。俗话说，"牛市赚钱，熊市赚钱，贪婪者不赚钱"：追求利益最大化的贪婪得不偿失。商界人士也知道"留点余地"，尤其是在能促成长期合作的交易中。经验丰富的资本市场投资者明白，追求"在最高点卖出"最终还不如在获得满意利润后卖出赚得多。倒闭的企业里到处都是这样的公司，它们没有止步于"足够好"、可以轻松销售的盈利产品，而是屈服于那些拥有复杂规格的产品和不切实际的计划的雄心勃勃的工程师。

英国历史学家理查德·奥弗里（Richard Overy，1995）在

《同盟国为何胜利》（*Why the Allies Won*）一书中分析了第二次世界大战的结果，他声称这一结果不是必然的。他给出的一个解释是，德国军队试图以牺牲战术作战效率为代价来优化其军用弹药的使用。在战争中，德国人一度拥有不少于 425 架不同种类的飞机、151 种卡车和 150 种摩托车。他们为德国制造的弹药的技术优势所付出的代价是难以大规模生产，而从战略角度来看，批量生产最终更为重要。在当时的苏联进行的决定性战役中，一支德国部队不得不为数百种类型的武装运输车、卡车和摩托车运送大约 100 万个零部件。相比之下，苏联人只使用了两种坦克，这使得战争期间的弹药维护更加简单。这对他们来说是"足够好"的。

完美主义是与追求决策结果最大化最相关的人格特质。然而，了解完美主义者的人都知道，对他们来说，生活就是一张永无止境的评分表，让他们陷入自我评估，感到沮丧、焦虑，有时甚至是抑郁。完美主义者往往将错误与失败混为一谈，他们试图掩盖自己的错误，甚至是不可避免的错误，这使他们无法接受个人成长所必需的批判性反馈。他们可能会为"满足最低要求"带来的解脱付出重大代价。

即使在亲密关系和爱情方面，"足够好"也是最有效的。英国心理学家唐纳德·温尼科特（Donald Winnicott）提出了"足够好的母亲"(good-enough mother)这一概念,即一个对婴儿的基本需求给予足够关注和充分回应的母亲。随着婴儿的成长,母亲偶尔会"无法"满足他的需求,让他为现实做好准备,在现实中,他并不总是能够随时随地得到他想要的东西。这样,婴儿才能学会延迟满足,而延迟满足是成年人获得成功的关键。成年后,我们凑合着与几乎在严格意义上"足够好"的伴侣相处。是的,可能有更适合我们的某个人,但我们可能活不到找到那个人的时候。

即使感觉错过了什么能证明我们对生活的热情,社交网络过度强化我们优化谬误的方式依然会严重影响我们的生活质量。如果你仍然怀疑"足够好"是错失恐惧症的最佳解药,那么美国散文家和诗人拉尔夫·沃尔多·爱默生(Ralph Waldo Emerson)的名言或许会让你茅塞顿开:"每一次失去,背后必有所得;每一次得到,背后也必有失去。"

"一脚着地"原则

知道何时放下我们的野心。

切尔滕纳姆金杯赛(The Cheltenham Gold Cup)是英格兰最负盛名的赛马障碍赛之一,对5岁及以上的马匹开放。这些马匹需要奔跑大约5千米的距离,同时跳过途中的22个栅栏。比赛是为期四天的切尔滕纳姆赛马节的一部分,每年三月份举行一次。过往的比赛中曾出现过一些英雄赛马,它们的雕像装饰着整洁赛道周围的草坪。当然,这也是英国广泛报道的比赛之一,2012年的比赛因为一匹特殊的赛马——"考托之星"(Kauto Star)——而引起了特别的关注,这匹马年纪较大,已经12岁,棕色,匀称的鼻子上有一条白色条纹,它在比赛前两个多星期的训练中受了伤,这可能会导致它的竞技能力下降。但是,这匹马无与伦比的竞争精神,以及骑在它背上的英国最好的骑师之一鲁比·沃尔什(Ruby Walsh),使它成为全城的话题。

"考托之星"已经分别在2007年和2009年两次赢得比赛。在其辉煌的职业生涯(40场比赛中23场获胜)为主人赢得超过

500 万美元后，每个人都明白这次比赛可能是"考托之星"的最后一场比赛。如果能赢得比赛，它将创造一个未来持续多年的纪录，并巩固其作为世界上最伟大的障碍赛赛马的地位。"考托之星"的主要对手是比它小 5 岁的"长跑"（Long Run）。在 2016 年的比赛中，"长跑"以八个马位的优势击败了"考托之星"。但是在短暂退役后，"考托之星"又回来了，在这次比赛之前的两场重要比赛中，"考托之星"击败了他那年轻的对手。虽然统计数据并不乐观——在这项比赛 88 年的历史上，只有两匹与"考托之星"同龄的马赢得过比赛，而且这已经是 1969 年以前的事了。切尔滕纳姆的赛道特别长，而且其终点在山坡上，这使得年轻的赛马具有天然的优势——但"考托之星"已经证明，如果有哪匹马能够在马术统计书上写下崭新的一页，那匹马必定是它。

"考托之星"在其 Facebook 主页上有超过 10 000 名粉丝，他们为它赢得比赛而加油，但同样希望它不要摔倒或受伤。根据英国赛马管理局发布的数据，一匹马在障碍赛中死亡的概率为一千分之四。考虑到这样一匹马参加比赛的次数，你就会明白为什么马吃着草平静地结束生命的概率并不高。事实上，大多数赛马的生命在 5 岁之前就结束了。马腿的结构决定了赛马的速度，同时也决定了它们的脆弱性。在比赛中，马腿承受的重量可能是其体重的 3 ～ 10 倍。治疗马腿骨折非常困难，发生坏疽或感染的可能性很大。对一匹马来说，这样的伤势通常意味着死刑判决。在切尔滕纳姆的上一个比赛日，有三匹马没能成功越过障碍，它们因此而受伤，接受了注射死以结束痛苦。

但是，这一次每个人似乎都希望"考托之星"赢，甚至是那些押注另一匹马赢的人。似乎它的胜利会向人们传达一个信号：永生实际上是可能的。

2012年3月16日，65 000名观众前来观看比赛，创下了切尔滕纳姆赛马场的观众人数纪录。冠军由"同步"（Synchronised）获得，博彩公司为其开出的赔率为1赔8。"长跑"获得第三名。那"考托之星"呢？这匹马处于领先地位，并且顺利跳过了前面的几个障碍，但在跳过第九个障碍之后，骑师鲁比·沃尔什决定停止比赛，将这匹精心装扮的马送回比赛结束区域，并卸下鞍具，这让观众感到非常懊恼。沃尔什说，他感觉"考托之星"在通过水上障碍时比平时更加吃力，担心让它继续比赛会导致致命伤。一个月后，获得冠军的"同步"在英国国家障碍赛马大赛（Grand National race）中摔死，沃尔什的担心得到了证实。

尽管媒体试图将参加比赛的马匹拟人化（"你想看它一次又一次地比赛，就像看费德勒打网球一样"）是可以理解的，但我的兴趣点完全集中在人类骑师身上——他必须在马和他自己的荣耀，与失去这匹特殊马的风险之间做出决定。进一步而言，我感兴趣的问题是，关于在什么情况下退出比赛的决定，他是在马出闸之前做出的，还是在比赛过程中当他推测获胜希望渺茫时做出的。如果沃尔什事先决定在什么情况下退出，那么他就需要极大的意志力来放弃比赛和大奖。但沃尔什的技术水平和对"考托之星"的熟悉程度表明，他的决定可能是在比赛中做出的：这位细心且经验丰富的骑师意识到"考托之星"能力的下降，尽管下降得不是很明显，但他决定不冒这个险。但是，我们其他人呢？虽然我们不具备沃尔什在做出决定时所具备的高超技巧和敏感性，但我们也不得不做出重要决定。

"当地勤人员准备发射热气球时，他们必须抓住吊篮的边缘，以防止它过早升空。他们用双手抓住吊篮的边缘，一只脚踩在靠近底部的支架上。永远只有一个规则。热气球地面操作的一个神圣且不可打破的规则是：始终有一只脚着地。"

杰夫·怀斯（Jeff Wise）在《今日心理学》（Psychology Today）2011 年 1 月刊上为读者分析了这一重要规则所反映的见解，旨在确保操控这些变化无常的飞行器的地勤人员的安全，以防天气的快速变化破坏飞行器的稳定性。某位这方面的专家向怀斯解释道："如果一阵风吹来，气球开始上升，你被带到空中 0.1米时，你会想，'哦，这没什么大不了的，必要时我可以跳下来。'不知不觉中，你被带到 2 米的高度，你会想，'跳下去可能会扭

伤脚踝，我最好坚持住，等它变低。'然后很快，你被带到 9 米
的高度，如果你跳下去，你就会摔断腿。但如果你不跳……"

这就是怀斯所说的心理陷阱——人们认为只要再坚持一下，
糟糕的情况就会有所好转，而不去评估如果情况迟迟得不到改善
将会带来的破坏性后果。这里描述的规则对 1932 年春天的一个
早晨再适用不过了。当时，世界上最大的充满氦气的飞艇"阿克
伦号"（USS Akron）试图降落在美国加利福尼亚州圣地亚哥军事
基地附近的一片空地上。这艘巨大的飞艇在 1931 年刚刚被命名，
代表着当时航空技术的最高水平。随着飞艇慢慢下降，它从渐渐
消散的晨雾中浮现出来。飞艇每次接近地面时，那天早上奉命执
行地勤任务的 200 名海军学院的学员都要准备好用飞艇上垂下的
绳索将飞艇停靠。但前三次尝试都被突如其来的风打断，使得飞
艇偏离航向，直到第四次尝试时，地勤人员才设法抓住绳索，将
巨大的飞艇拖到地面。但后来，由于一个对接环出现故障，飞艇
向一侧倾斜，给另一侧的地勤人员带来了很大困难。绝望之下，
他们中的几个人爬上绳索，试图将全身的重量压在上面，但徒劳
无果。飞艇慢慢升起，太阳的热量开始使飞艇内的氦气温度升
高。这些年轻且缺乏经验的地勤人员只能松开绳索，并坠落在地
上（幸好没有落在另一名同伴的身上）。

但是，当"阿克伦号"把这些人甩掉并起飞后，许多在场

的旁观者惊恐地发现，有三名海军学院的学员悬在半空中。第一个人从 50 米的高空坠落身亡。第二个人也重重地砸在地面上，扬起一片尘土，他是营地的明星运动员——水手奈杰尔·亨顿（Nigel Henton）。飞艇上的绳索越来越少，绳索上只剩下一个人。目瞪口呆的人群目睹着飞艇在日渐炎热的空气中升至 700 米的高度。从这个高度，人们只能看到一个小黑点悬挂在船体下方，与绳索脱离似乎不可避免。但绳索上的水手查尔斯·考瓦特（Charles Cowart）拒绝放弃，他是一名拳击手，正在为海军锦标赛进行训练，他把自己绑在绳子上，以节省体力。经过两个小时的着陆尝试后，他意识到唯一的生存机会就是慢慢爬上飞艇，于是他这样做了。当飞艇最终在晚上降落时，这位足智多谋的幸存者固执地拒绝谈论他在空中度过的可怕时刻。一年后，"阿克伦号"飞艇在新泽西海岸遇到风暴被毁，飞艇时代就此结束。

怀斯说："如果你碰巧是一名热气球工作人员，答案显而易见。但其背后隐藏的重要信息适用于我们所有人。当情况开始变得糟糕时，我们很容易自欺欺人地认为情况可能会自行好转——直到我们突然发现自己处于如此可怕的困境，以至于唯一的希望就是死命坚持下去。无论你是投资股票还是投资一段关系，'一脚着地'原则都适用于你。不要相信你的意志力。即使是最坚定的人，意志力也很容易受到侵蚀，与其相信自己的意志力，不如提前确定在什么价格或情况下放手。如果一本书读到第 70 页时还不够有趣，剩下的内容我就不读了。如果银行由于失误拒付我的支票两次以上，我就会更换成其他银行。如果我投资的企业家向我展示了两次以上的错误表述，我就不会继续在他身上投资。"

选择你的战斗

我们的意志力会像体力一样消耗殆尽，所以最好把它留到我们真正需要的时候。

如果永生是人类自古以来渴望得到的"圣杯"，那么从 20 世纪开始，它已经被"成功"所取代——许多人虔诚地渴望成功，甚至愿意为此缩短自己的生命。即使一个人认为阅读莎士比亚（Shakespeare）的 37 部戏剧，比阅读所有行为科学研究所了解的人性更多，也不能忽视一项广泛的研究。该研究表明，天赋对成功的贡献有限。就获得渴望已久的经济和社会回报而言，天赋对成功的作用不超过 25%，而自律、决心和毅力占很大比重，主要是因为这些特质能够帮助你应对漫长成功道路上的障碍和不可避免的意外。沃尔特·米歇尔（Walter Mischel）及其同事在 1972 年的一项开创性研究中发现，能够延迟满足、忍着不吃面前的棉花糖以便之后得到两颗棉花糖的 4 ~ 6 岁儿童，多年后在学业上也更成功。同样，如果你分析一下那些喜欢与读者分享自己故事的成功人士的简历，你就很难忽视一个明显的共同点：决心和意志力（另一个共同点是运气，但出于某种原因，这些书中没有提及）。

罗伊·鲍迈斯特（Roy Baumeister）被认为是当今意志力研究领域的领军人物。2011 年，在面对一个名为"苏黎世学人"（Zurich Minds）的知识分子团体的讲座中，他阐述了自我克制对其他领域的积极影响：长期人际关系的成功、身心健康，甚至预期寿命。鲍迈斯特还在讲座中澄清了一点，即民间认为存在不同种类的意志力这一信念没有得到研究的证实。在 2011 年出版的《意志力：重新发现人类最伟大的力量》（*Willpower: Rediscovering the Greatest Human Strength*）[与约翰·蒂尔尼（John Tierney）合著]一书的序言中，鲍迈斯特谈到我们对待这一主题重要性的奇怪和错误的方式。他说，当被要求说出我们的优秀品质时，我们会提到真诚、勇敢、富有创造力、幽默，甚至谦虚，但不会提到自我克制。即使提到这一品质，我们也会把它放到最后。与此相反，当人们被要求列举自己有缺陷的特质时，自我克制会跃居榜首。

每个人的生活都以满足自己的欲望为基础，其中大部分是自然和进化的产物，而有些则是人类基本冲动升华的产物，由 20 世纪的重要科学发展所提供的工具满足。例如，社交网络和其他在线内容提供的丰富手段，使我们能够满足好奇心，感到被需要或有归属感。但是，对欲望的无节制反应会使我们无法实现为自己设定的重要目标，甚至可能危害我们的健康。根据一项研究，西方社会三分之一以上的死亡可归因于长期屈从于这些欲望（性、毒品、不健康的食品和工作）所造成的后果。在这个充斥着各种干扰的享乐主义世界里，成功更多地来自抵制诱惑的能力，而不是金钱、外表或智力。这究竟是为什么呢？

威廉·霍夫曼（Wilhelm Hofmann）、凯瑟琳·沃斯（Kathleen Vohs）和罗伊·鲍迈斯特长期合作，旨在追踪人们受欲望影响的频率和强度——我们所隐藏冲动的行为表达和个人表达。他们要回答的问题是：这些冲动在多大程度上与我们为自己设定的重要个人目标相冲突？在什么情况下，我们会抵制欲望以免损害这些目标？更重要的是，我们抵制欲望的努力在什么情况下会成功，在什么情况下会失败？

研究人员让 205 名德国维尔茨堡市的居民在一周内报告他们的冲动。研究人员每天给参与者发送 7 次短信，信息发到为研究目的而分发给参与者的手机上，让他们报告在过去的 30 分钟内是否经历过诱惑，如果经历过，则将其归入 14 个预定类别中的一个。然后，研究人员让参与者记录冲动的强度，以及冲动的实现与个人目标之间的冲突的强度，并报告他们是否因为这一冲突而进行了抵抗，从而成功地稍微控制了冲动。所有的报告都使用为研究目的而准备的手机应用程序进行记录。这项研究得益于非常高的依从率（92.2% 的参与者），并获得了 7827 份关于参与者曾抗争的冲动和欲望的报告。在研究人员看来，这忠实地反映了我们日常经历的各种诱惑。

收集到的数据表明，参与者报告的冲动的频率、冲动的强度及冲动与重要个人目标之间的冲突的强度存在很大差异。研究结果表明，报告的冲动中有一半与我们的目标、价值观或其他冲动存在一定程度的冲突。就强度和相对普遍性而言，排在前几位的冲动是想睡觉（这令人惊讶），以及对食物、饮料、性、社交、休闲和满足卫生需求的渴望（这些毫不奇怪）。研究人员还对与屈服于诱惑相冲突的个人目标进行了分类。这些目标包括良好的健康（例如，与渴望甜食相冲突）、储蓄（例如，与购物的诱惑相冲突）、职业和社交成就（例如，与想睡觉等相冲突），以及有效地利用时间（例如，与媒体消费相冲突）。

对睡眠、性、休闲和食物的欲望，以及花钱的欲望，与参与者的其他目标之间的冲突最为明显，因此在自我控制的尝试中得分最高，其中大多数尝试都成功了。使用媒体的欲望——查看电子邮件、浏览社交网络和看电视——也经常出现在冲动量表中，但在使用意志力进行抵抗时，其失败率最高（42% 的人报告自己尝试抵制该冲动，但无法克服它）。这也是抗拒工作的悲惨命运，研究人员将其定义为诱惑之一。

　　此外，研究人员注意到，意志力在使用后会耗尽，就像人在长时间使用肌肉、耐力耗尽后会感到疲惫一样。那些面对诱惑时经常进行内心抵抗的人发现，他们在当天的晚些时候抵抗进一步诱惑的能力已经减弱，尤其是在一天结束时。这一结论已在实验室实验中被发现，其重要性再怎么强调都不为过。多年来，人们相信无意识的力量能够指导我们的行动，这使得意志力在影响我们命运方面的作用降至最低。意志力就像肌肉一样运作，这一评论基于这样一种看法：人类控制冲动的能力是相对较晚的进化发展的产物，因此它不稳定且难以长时间使用。

　　意志力的物理属性也受到营养（血液中的葡萄糖对意志力有积极影响）和睡眠等因素的影响。在空腹或疲劳状态下做出的决策，与在相反情况下做出的决策性质迥然不同。可以说，意志力的使用就是一场零和游戏——如果你在工作中过度使用它，回到家时你可能会对伴侣或配偶失去耐心，或者陷入无节制的暴饮暴食。

　　这一重要发现的实际意义在于，如果意志力确实像肌肉一样使用过度会受损，那么保持日程安排以避开诱惑这一策略，可能比加强意志力的锻炼更有效。这样的日程安排基于习惯和常规，以限制遇到诱惑的机会：固定的用餐时间、每天两到三杯咖啡、看电视的时间限制等。我遇见过一位女士，她的原则是每买一件新衣服就扔掉一件旧衣服，以抵制购买新衣橱的昂贵诱惑；我认识一个人，他决定周日和周一不喝酒，这样他就可以限制酒精摄入量，而不必每天都面对诱惑。自我控制能力强的人更多的是用它来合理安排每日时间表，以使诱惑减少，而不是抵制容易发生的诱惑。当他们遇到诱惑时，他们意志力充足，随时准备应对。拥有意志力的人试图以这样一种方式来安排自己的生活，即把大多数人需要自我控制和意志力的大部分行为作为一种后天习惯来完成。如果你决定每个周日的早晨整理书房，那么你完成这项任务所需的意志力就会减少，因为这项任务已经成为一种习惯，而习惯不会消耗意志力。相比之下，那些意志力不强的人必须注意选择真正重要的事情，并准备为此耗尽自己的意志力。与其总想出类拔萃，不如做好真正重要的事情。

　　霍夫曼等人的研究将现代生活呈现为一种阶段性欲望和冲动的例行程序，这些欲望和冲动通常与我们珍视的个人目标或价值观相冲突，因此会遇到阻力。尽管我们大多数抵御诱惑的尝试都是成功的，但由于某些诱惑的性质及我们当天抵抗诱惑的经历，我们可能会在某一天被某些诱惑击败。把霍夫曼等人的研究总结一下，我们会发现一个普通人每天要花八个小时应对各种诱惑，花三个小时抵制诱惑，花半个小时愉快地屈服于诱惑，而其中一些诱惑是他先前曾成功地抵制过的。女演员梅·韦斯特（Mae West）说过："我通常会避开诱惑，除非无法抗拒。"

某日，在我更年轻时

希望是最能影响我们生活的情感。

"希望是一顿丰盛的早餐，却是一顿糟糕的晚餐。"

——弗朗西斯·培根（Francis Bacon）

不久前，我去拜访了几个朋友，他们住在我 30 多年前所居住社区的附近。我现在住在另一座城市，离那儿很远。开车回家时，我路过了我曾多年居住的那栋楼。路过体育俱乐部时，一股怀旧之情涌上心头，在那里，我曾赢得和输掉许多网球比赛，附近的商业中心已彻底改头换面，而宽阔的人行道依然像往常一样吸引人。

我试图理解为什么早年的记忆对我们有如此大的吸引力。在否定了所有其他答案后，只剩下一种解释：我们对"一切仍有可能发生"的时光有着强烈的渴望。

但是，就我而言，几乎一切都发生了。当时我梦寐以求的大多数事情，甚至更多，都在充实而悠闲的生活中实现了。那么，对我来说，为什么过去的回忆还如此迷人？我仔细思考了另一系列可能的答案，突然间我想到一点：我怀念希望的感觉。我梦想着将来某一天，会有好事发生。它会使我摆脱现实的忧虑，让我充满满足感，使我能够毫无痛苦地从一个安全的距离看待这个世界。对希望的渴望与我的梦想成真这一事实——至少对我来说——是没有关联的。对希望的渴望是独立存在的，与实际发生的事件无关。

从表面上看，一个不否认现实的成年人应该知道他可以期待什么，以及什么永远都不会发生。希望应该是年轻人的专利，对他们来说，"一切皆有可能"，而老年人也希望站在他们的立场上。居斯塔夫·福楼拜（Gustave Flaubert）认为，希望是对天意的冲击。但它也是对生活经验的冲击，这些生活经验限制了仍然可能发生的事情，是对永远都不会发生之事的早期迹象的冲击，这些早期迹象往往被我们忽视。正如福楼拜所说，希望也是对至高无上的权力者意志的冲击，这个至高无上的权力者此刻正在其他地方忙碌。但是，希望比所有这一切都更强大，我们需要它来平衡我们的生活，无论是年轻人还是老年人。

希望诞生于罪恶之中。希腊神话讲述了普罗米修斯（Prometheus）从奥林匹斯山（Mount Oeympus）盗取火种送给人类的故事。众神之父宙斯（Zeus）被激怒，为了惩罚人类，他制作了一个盒子（在原始版本中是一个罐子），里面装着所有可能的邪恶。潘多拉（Pandora）是众神创造的一位女性，她收到盒子时被警告不要打开它。她和大多数神话中的主角一样，无法抵挡诱惑（否则，神话短的就剩几页了），因此，我们所知道的所有疾病、灾难和痛苦都被释放到了这个世界上。而放在盒子底部的"希望"被妥善地保存在里面，以坚定人心。

从那时起，"希望"走过了漫长的道路，直到出现在 19 世纪一件杰出的艺术作品中。创作于 1886 年的《希望》（hope）是乔治·费德里科·沃茨（George Frederic Watts）最著名的作品，他擅长描绘关于人类生存状况的寓言。在这件作品中，"希望"化身为一个蒙着眼睛的年轻女子，她坐在象征世界的地球上弹奏着七弦琴。所有的琴弦都断了，只剩下一根。她的头低垂着靠近琴弦，渴望听到这根孤零零的琴弦发出的微弱的乐音。当这件作品出现在 1889 年的巴黎画展上时，评论家们将之描述为对绝望的抵抗。如今，它是英国泰特美术馆（Tate collection in England）的藏品，在对过去 500 年英国艺术的综合性、永久性展览中展出。

沃茨的画长期以来一直鼓励和支撑着处于困境中的人。纳尔逊·曼德拉（Nelson Mandela）将这件作品的复制品挂在监狱牢房的墙上，埃及在六日战争后将这件作品的小型复制品分发给战败的士兵。在 1990 年一次关于希望主题的布道中，牧师杰里米亚·赖特（Jeremiah Wright）描述了沃茨对希望的描绘："……她的衣服破烂不堪，她的身体伤痕累累，她的竖琴几乎被毁，只剩一根琴弦，她竟然有胆量弹奏音乐并赞美上帝……拿起你剩下的那根琴弦，去大胆地希望吧……这才是上帝想让我们……从沃茨的画中听到的话。"在赖特传道时，29 岁的巴拉克·奥巴马（Barack Obama）也在教堂里，后来他用"大胆希望"（audacity of hope）这一表述，作为他在 2004 年美国民主党全国代表大会上激动人心的主题演讲的题目，并将之作为他第二本书的书名。

事实上，每个初出茅庐的作家都知道，如果不给主人公 / 主要角色——或者更重要的是，为读者——提供至少一丝希望，很多书都写不到第二章。许多诗歌中都谈到希望，我在此引用两句鼓舞人心的诗句来阐述这一主题："希望长着羽毛，栖息在灵魂里"（艾米莉·狄金森，Emily Dickinson）和"人心不死，希望永存"（亚历山大·蒲柏，Alexander Pope）。

一台叫作"希望"的引擎

以色列的国歌讲述了两千年的希望，但心理学家直到大约 20 年前才开始认真研究希望，因为他们慢慢开始对新的研究领域产生兴趣。以前，心理学几乎只关注情感的消极方面。

查尔斯·斯奈德（Charles Snyder）是积极心理学的先驱之

一（积极心理学改变了研究的平衡），他在恢复对希望的研究方面起到了重要作用。斯奈德在 1994 年出版的《希望心理学：你能从那里到达这里》（*Psychology of Hope:You Can Get Here from There*）一书中提出了"希望理论"（theory of hope），将希望定义为三个组成部分的总和：设定目标、拥有实现目标的意志力（"我能做到"），以及拥有"方法力"（waypower）——实现目标的心理路线图（"我能找到方法做到"）。

斯奈德还提出了一个希望量表，被调查者需要对六个陈述的同意程度（1 ~ 8 分）进行评分，其中三个陈述试图评估被调查者实现现有目标的决心（"在当前情况下，我会积极追求我的目标"），而另外三个陈述试图考察被调查者对于找到实现目标的方法的信心（"我能想到很多实现目标的方法"）。实现目标的决心代表（精神）力量，而找到实现目标的方法的能力代表方向。不要把乐观与希望混为一谈。乐观是希望的近亲，乐观只符合斯奈德上述科学定义的一部分，因为乐观引导我们对最好的事物抱有希望，却没有明确告诉我们如何实现目标。事实上，乐观根植于现在，而希望着眼于未来。

在确定了测量希望的方法之后，斯奈德继续进行了一系列实验，研究个体的希望水平与学业成就之间的关系。在一项实验中，他问学生："你期望在一次占总评成绩 30% 的考试中得 B，但只得到一个 C。你打算怎么办？"在希望量表上排名靠前的学生决心寻找提高成绩的方法，而希望水平较低的学生则完全放弃了。同样，结果表明，那些希望水平较高的学生确信，最终一切都会好起来的，如果现在还没有发生，那就意味着结局还没有到来。

在另一项实验中，斯奈德及其同事研究了学生的成就与希望水平之间是否存在相关性。他们发现，希望水平比 SAT 分数（与智力高度相关）更能预测平均绩点。在希望量表上排名靠前的学生也更有可能完成学业。同样，研究人员发现，法学院学生在希望量表上的排名比任何其他因素［包括法学院入学考试（The Law School Admission Test，LSAT）分数］都更能预测他们的成就。

其他研究表明，在许多不同的领域，希望与成功之间都存在相关性，而不仅仅是在学术领域（在学术领域，希望比智力更重要）。例如，研究发现，在职业运动员中，希望比自尊和情绪更重要，有时甚至比天生的运动能力更重要。顺便说一下，运动员首先比非运动员更怀有希望。

认知心理学家斯科特·考夫曼（Scott Kaufman）在其 2012 年 1 月的博客中指出，才华、能力或技艺都不会让你"成功"，无论你如何定义它。他写道："在过去的几十年里，大量心理学研究都清楚地表明，真正能让你成功的是心理因素。"你可以拥有世界上最好的引擎，但如果你懒得开车，你将无法到达任何地方。

多年来，心理学家提出了许多不同的因素，包括毅力、自我意识、乐观、激情和灵感。尽管这些都很重要，但考夫曼认为有一种因素"在心理学和社会中特别被低估和忽视，那就是希望"。

他继续解释道："希望不仅仅是一种感觉良好的情绪，而是一种动态的认知激励系统。"根据这种希望观，情绪出现在认知之后，而不是之前。也就是说，希望先于积极情绪。考夫曼指出，缺乏希望的人在行为上的另一种选择是选择"易掌控的"目标，即简单的任务，这些任务为成长提供的可能性有限，而且不能促进人能掌握自己的命运这一重要信念。

有些研究比较了各种特质对成功的贡献，这些研究发现，希望对成功的贡献远远超过自我效能感（相信自己能够掌握某一领域）和乐观。那些被评定为充满希望的人报告了更高水平的个人幸福感。谢恩·洛佩兹（Shane Lopez）是这一领域的主要研究者之一，也是斯奈德的学生，他在 2013 年出版的《让希望发生》（*Making Hope Happen*）一书中分析了希望心理学。洛佩兹认为，希望是健康、快乐生活的最重要指标，也是人际关系、事业或商业成功的最重要指标。通过阅读这本书，我们可以清楚地看出，洛佩兹更多地将希望视为一种策略，而不是一种感觉。洛佩兹与盖洛普民意调查公司（Gallup polling company）合作开发了一份调查问卷，用于评估美国 5 ～ 12 岁学生的希望水平、投入程度和情感健康状况，他们认为这些数据最终将决定教育系统实现其目标的能力。超过 100 万名学生填写了这份问卷。

考夫曼指出，我们习惯于认为我们目前的能力是我们未来成功的最佳预测指标。然而，他认为，许多研究表明，心理因素更重要；它最终将带动我们实现目标。而希望是一种特别重要的因素，也许是最重要的因素。

浮或沉，生或死

胆小的读者可以跳过接下来的两段，因为这部分内容描述了心理学史上最残酷的实验之一。

精神生物学家柯特·里希特（Curt Richter）试图研究实验室老鼠的耐力与水温之间的关系，他将每只无助的老鼠放在一个单独的容器中，并在容器中注满水。里希特选择的容器形状不允许这些可怜的动物往上爬，它们只能做出残酷的生存抉择：要么游下去，要么溺水而亡。里希特和他的同事们发现，即使水温相同，具有相似身体特征的老鼠在游泳时间上也存在很大差异，在溺水前游泳的时间从几分钟到几个小时不等。研究人员试图找到为什么一些老鼠的耐力远远超过其同伴。

　　在实验的后期，研究人员并没有直接将老鼠扔到容器中，而是将老鼠拿在手中，然后放开它们，让它们暂时摆脱在水中等待它们的悲惨命运。这一过程重复了几次，然后研究人员才将老鼠放到容器中。在容器中，它们被水浇了几分钟，然后被放回笼子里恢复。这一过程也重复了几次。研究人员认为，在这个阶段，老鼠已经可以接受"生或死"的可怕测试了。经历上述过程的老鼠，在由于疲惫而放弃挣扎并溺水之前，平均游了 60 多个小时。研究人员认为，一旦老鼠尝到一点自由的滋味，它们的啮齿动物思维就会将它们与逃生努力联系起来，从而使它们相信它们能够对自己的命运有一些"控制"。它们获得的控制感（与实际控制相反）足以给它们带来希望，即如果它们继续用它们的小短腿划水，它们就有可能生存下来。

　　大量研究证实，积极情绪，特别是希望，对我们的健康和复原力有积极影响。哈佛大学医学院的教授杰罗姆·格鲁普曼（Jerome Groopman）在《希望：战胜病痛的故事》（*The Anatomy of Hope*）一书中描述了希望在一些癌症患者（其中包括他的一些同事）康复过程中的作用。格鲁普曼认为，希望使许多患者有能力应对为根除疾病而进行的侵略性化学治疗及破坏性放射治疗所产生的副作用。

　　格鲁普曼描述的两项研究清楚地表明了希望在缓解疼痛方面

的力量。其中一项研究在意大利都灵大学进行，考察了志愿受试者的疼痛反应。一种类似袖带的东西被固定在他们的手臂上，研究人员可以将之收紧到引发真正呻吟的程度，因为它迅速切断了血液流动。在每次连续收紧这一科学折磨装置（测量脉搏、血压、出汗和肌肉收缩）之前，受试者都会被注射一针吗啡。正如预期的那样，他们没有表现出任何痛苦。

这一过程重复几次之后，研究人员便停止为受试者注射吗啡，代之以生理盐水，但不告知受试者。受试者以为注射的是止痛药，因此没有表现出痛苦。进行这项研究的法布里齐奥·贝内代蒂（Fabrizio Benedetti）得出结论，受试者相信他们又接受了一剂有效的吗啡，并期望它将使他们摆脱疼痛，这激活了大脑产生的内啡肽和其他止痛剂的释放机制。根据贝内代蒂的说法，期望和信念也能阻止大脑中负责加剧疼痛感的其他物质的活动。

在格鲁普曼描述的第二项研究中，180 名膝盖有关节炎症状的患者被分为两组进行治疗。其中一组接受了关节镜手术，而另一组接受了"安慰性假手术"（sham placebo surgery）——包括小切口和生理盐水的喷洒。两组患者接受了相同的手术准备，停留在手术室的时间相同，并且接受了护士的相同护理，护士不知道哪些患者属于哪个组。最重要的是，两组患者在接受（不同）手术后的康复结果相似。

　　上述两项研究中的关键因素——信念和期望——是安慰剂效应（placebo effect）的基础，而安慰剂效应则是身体与心灵之间联系的终极范例。根据这种效应，在三个服用了类似于药物但无治疗作用的药片，并且相信自己服用了真正药物的患者中，有一人对安慰剂的反应就好像它是真正的药物一样，即使只是在有限的时间内。这一机制显然始于神经系统对一个人的期望和信念的反应，即积极的变化即将发生。这反过来又引发了连锁反应，提高了康复和复健的可能性。

　　一些新的希望研究者试图稍稍拓宽这一研究领域，将祈祷纳入其中。在一项实验中，研究人员试图确定，知道有人在为患者祈祷，而不是祈祷本身，是否会影响患者的健康状况。这项研究的统计精确度极高，但研究结果让研究人员感到困惑：接受搭桥手术的患者在被告知人们在为他们祈祷（这是真的）后出现并发症的比例，明显高于被告知人们可能会或可能不会为他们祈祷的病情类似的患者（无论人们是否真的为他们祈祷）。

　　本杰明·摩西（Benjamin Moses）在《科学医学的真相》（*The Truth of Scientific Medicine*）一书中描述了这一实验，为这种现象提供了一个可能的解释：身患重病或需要接受复杂手术的人，可能会将请人来祈祷这一事实作为其病情严重的证据。认为病情严重会增加他们的焦虑，并可能对恢复和治疗过程产生不利影响。也就是说，当希望自主出现时，它会产生积极的影响。其他人对我们抱有希望，并告诉我们这一点，实际上可能会破坏使希望成为最有影响力的积极情绪之一的微妙机制。

拿破仑（Napoleon）说："领袖就是贩卖希望的商人。"两百年后，印有"希望"一词的巴拉克·奥巴马的标志性肖像成为他的总统竞选活动的象征（"是的，我们能行"），并吸引了有史以来为美国总统竞选动员的人数最多的志愿者。在奥巴马的演讲中，他表明他非常熟悉拿破仑的观点："希望不是盲目的乐观。"他在一次演讲中曾说道："希望并不是忽视前方任务的艰巨性或阻碍我们前进的障碍。希望是相信命运不会为我们书写，而是由我们自己，由那些不满足于现状、有勇气重塑世界的男人和女人书写。"奥巴马很快意识到，现代世界对政治家的考验是他们能否为公民提供希望，即经济、政治和社会上的希望。

哲学家理查德·罗蒂（Richard Rorty）将希望称为我们给自己讲述的"超级故事"，对我们来说，它象征着更美好未来的承诺和机会。

斯奈德对希望的定义（欲望和方向的结合）从未如此有意义，因为大多数发达国家的政府都雄心勃勃，但严重缺乏方向。用马基雅维利（Machiavelli）的话说，没有什么比无法找到希望的理由更令人绝望了。

挑战底线的方法

重视过程而非结果。

1999 年 9 月 23 日，美国航空航天局（NASA）的一艘研究航天器——火星气候探测器（Mars Climate Orbiter）——在离火星距离过近时被烧毁。后来人们发现，事故的源头在于软件，该软件错误地根据公制而不是英制进行计算。由于这一计算错误，航天器被指示以距离火星 60 千米的距离绕火星飞行，而不是计划的 140 千米的安全距离。考虑到航天器必须飞行 5000 万千米里才能到达火星，这一计算错误似乎可以忽略不计。然而，这决定了科学上的成功或彻底的失败。由于编程错误，航天器未能到达目的地，这就是太空飞行任务没能通过最终结果测试的一个简单例子。

但并非所有事件都如此一目了然。意图和结果往往同时出现，有时甚至需要诉诸法庭才能将它们分开。我们如何评价一只好心的熊为主人做的事（从主人的脸上拍下一只苍蝇），而这一举动导致了意想不到的结果（主人的鼻子被打断）？或者，我们如何评价一次旨在解救人质却导致重大生命损失的行动？

这样令人困惑的问题也出现在文学中。我在刘易斯·卡罗尔（Lewis Carroll）的《爱丽丝镜中奇遇记》（*Through the Looking-Glass, and What Alice Found There*）一书中找到了一个简单的例子。爱丽丝试图对特威德尔迪——特里德尔敦的孪生兄弟——给她朗诵的一首诗中的两个英雄形成自己的看法。诗中讲述了一只海象和一个木匠晚上沿着海滩散步时狼吞虎咽地吃活牡蛎的故事。起初，爱丽丝倾向于从道德的角度偏爱海象，因为海象对自己吃掉的牡蛎感到难过，甚至为它们流下了眼泪，正如诗中所述。但特威德尔迪告诉她，事实上海象吃的牡蛎比木匠多，他用手帕遮住脸，防止木匠看到它吃了多少牡蛎。当爱丽丝把道德偏好转向木匠时，特里德尔敦迅速解释道，木匠把他能抓到的所有牡蛎都吃了。爱丽丝感到困惑，突然面临根据结果判断还是根据意图判断这一道德困境。

无独有偶。其他时代的重要思想家也一直在思考这个问题：结果和意图哪个更重要？伊曼努尔·康德（Immanuel Kant，1724—1804 年）认为，两者中意图更为重要。他在《道德形而上学原理》（*Groundwork of the Metaphysic of Morals*）第一章的开头写道，在这个世界上，或者在这个世界之外，除了善意，没有任何东西可以无条件地被称为"善"。也就是说，由好心驱动的善意是判断一个人是否道德的决定性因素。如果某个行为的结果是积极的，但不是出于好意，则不能被认为是道德的。与此相反，约翰·斯图亚特·密尔（John Stuart Mill，1806—1873 年）提出了一种完全关注结果而忽视意图的方法。在他看来，快乐和免于痛苦是仅有的可取的结果。每个行为都要根据其实用的结果来判断——增加快乐或减少痛苦。

正如各种宗教所暗示的那样，意图与结果之间的关系也是检验精神世界的可能标准。例如，天主教徒更倾向于对意图的检验，而不是对行动的检验。虽然遵守诫命是对犹太信徒的主要考验，但拉比传统强调，上帝对人的内心和内心的意图更感兴趣。这也是犹太教重视悔改的原因。

如果我们确实认识到以最终结果来评估行为道德性的局限性，我们就能在最终结果检验失败的情况下自由成长。

社会将法律作为一种工具来缩小个人对事件的解释，以确保社会秩序。根据世界上大多数法律制度，如果不从情感和事实基础两方面考虑，就无法定义犯罪；如果两者之一缺失，就不构成犯罪。拿走他人物品并有意归还的人不是小偷，而无意杀人的人被控以过失杀人罪而非谋杀罪。情感基础——行为中的意图——在司法程序中至关重要。

然而，当哲学家为"意图和结果孰轻孰重"的问题争得面红耳赤时，当大量的法律论证试图区分结果和意图时，商业世界的做法就好像这一讨论早已定论：工资水平、增长率、投资回报率和股价早已成为一切的一切。你所处的环境、你的起点、你所获得的支持或你所选择的道德路径——所有这些都不重要，你的经济成就和你在社会知名度竞争中取得的进步最为重要。但是，那些自吹自擂，声称对结果负全部责任的人，实际上是在傲慢地宣称，他们也对影响结果的所有因素负全部责任。

为什么人们往往把成功归功于自己的能力，而把失败归咎于运气不好？我们的失败难道不是因为低估了机遇的力量吗？机遇可能是成功方程式中最重要的因素。（不管我们是用经济利益、社会知名度还是其他标准来衡量成功。）

纳西姆·塔勒布（Nassim Taleb）[《被随机性愚弄》（*Fooled by Randomness*）和《黑天鹅》（*The Black Swan*）的作者]确信，经济成功在很大程度上取决于运气，而巨大的成功则是撞大运的结果。事实上，资本市场——塔勒布的主要参照系——是随机性的首选赛场，在这里，决定成功的因素是巧合和顺风，而不是专业能力。我们盛赞（或贬低）商业英雄，主要是因为我们对统计规律的错误理解，以及人类为随机事件赋予意义的需求，而不是因为他们的商业头脑。就像一百万个拥有打字机和无限时间的猴子中的一个可能会写出《哈姆雷特》（*Hamlet*）一样，众多投资经理中的一个，可能会连续 30 年击败市场——但他们都是通过纯粹的机会做到这一点的。

经济学家约翰·凯（John Kay）并不赞同聚焦于最终结果的方法。在《倾斜的智慧：为什么我们的目标最好间接达成》（*Obliquity: Why Our Goals Are Best Achieved Indirectly*，2010）一书中，他认为最赚钱的公司不一定是那些不惜任何代价追求利润的公司；世界上最富有的人不是最物质的，最幸福的人不一定追逐幸福。不直接以结果为导向的方法可能会比有针对性的方法产生更好的结果。例如，制药和医疗设备公司强生（Johnson & Johnson）的信条描述了指导其决策的价值观，将对消费者和医务人员的责任置于对股东的承诺之上。尽管如此，强生公司在医疗领域取得了比其他任何公司更好的长期业绩，为股东创造了最高价值。我们不要忘记，医学史上的大多数重要发现都是偶然的：X 射线、青霉素、结核分枝杆菌、胰岛素、安定和伟哥［尽管正如法国微生物学家路易斯·巴斯德（Louis Pasteur）所言，"机会偏爱有准备的头脑"］。就这些研究发现而言，对其结果的检验主要是检验其有效性（以及头脑的准备情况）。

长期以来，体育界一直被用来比喻我们生活中更具竞争性的方面，这些方面通常由最终结果来判断（"胜利不是一切，而是唯一"）。因此，商业世界的语言从竞技体育的经验中汲取了很多并不奇怪，但人们没有注意到，许多职业运动员受过程驱动的程度并不亚于结果。

国际铁人三项比赛的获奖者和教练斯科特·莫利纳（Scott Molina）说，他试图教导他的学生，如果他们在日常训练中学会热爱挑战，理想的结果就会如期而至。传奇排球教练特里·佩蒂特（Terry Pettit）认为，一个好教练关注过程，而不是最终结果。如果一名篮球运动员认为他的最后一投会决定比赛的命运，那么他可能会因为压力过大而投不中。反之，如果他考虑的是熟悉的球感、投篮前的深呼吸及队友的支持，而不以投篮结果为条件，那么他投进决定性一球的可能性就更大。网球运动员知道，他们应该集中精力赢得正在打的这一分，或者提高开局发球的成功率，而不是专注于赢得整场比赛。

在我已经练习多年的亚历山大技术（Alexander Technique）中，有一个概念叫作"最终获益"（end gaining），即专注于最终结果而根本不享受过程。职业运动员知道一个公式：产生结果的方法实际上是专注于过程。所有领域的创造者都一致认为，过程的重要性不亚于最终产品。他们在过程中花费了大量的时间，投入了大量的情感资源。因此，他们期望过程是令人愉快、令人满意和鼓舞人心的。正确管理过程中的情绪是提高未来工作水平的真正关键。那些得到与预期结果不同的人往往会发现，这为他们丰富内心世界提供了重要的可能性。

就孩子的教育而言，将追求最终结果的方法应用于教育孩子这一过程的巨大危险在于，它强化了"世界本质上是一个竞争激烈的地方"这一过于简单化的观点。研究表明，表扬孩子努力（过程）的父母比表扬孩子成就的父母对孩子成年后的成功帮助更大。成功的能力在很大程度上是应对失败的能力，那些在童年时期因努力而赢得赞扬的人能够在第一次尝试失败后再次调动资源来应对挑战。而那些因成就而赢得赞扬的人在面对意外困难时往往会放弃。父母对孩子的成就提出过高的要求，并在他们未能达到这些期望时给予过度的批评，这实际上是在培养未来的完美主义者——那些无法区分错误和失败的人。

毕竟，对犯错误的恐惧是盘旋在孩子头顶的最大威胁，因为他们被灌输了这样的思想：父母的认可和接受取决于他们的成绩（而不是付出的努力）。

现代的结果检验，是淹没在数字和信息中的文化的捷径，完全忽视了过程作为分析和发展的基础。在我们感到熟悉和安全的舒适区内成长是很困难的。但是，当没有犯错甚至失败的余地时，走出这个区域也是不可能的。因此，当前的结果成为未来结果的唯一预测因素，没有改进的空间。此外，在追求最终结果观盛行的文化中，我们对达到目的所使用的手段会变得宽容，即使这些手段是可疑的。

幸福：剪切并保存

我们可以掌控的十条幸福法则。

在 2015 年出版的《幸福产业》（*The Happiness Industry*）一书中，威廉·戴维斯（William Davies）问道："在 2014 年的世界经济论坛上，一位佛教僧侣在做什么？"作者认为，这位僧侣和商业公司的"幸福官员"一样，反映了过去 10 年发展起来的一个趋势：各种实体对测量人们的感受越来越感兴趣，其目的仅仅是为了利用这些数据来满足他们自己的政治或商业需求。为消费行业工作的脑科学家希望最终发现我们大脑中的"购买按钮"，而制药公司的广告商则寻找研究来证实其昂贵产品所宣称的效果。

近年来，有关幸福的文献和研究层出不穷，这一点毋庸置疑：一半人在努力追求幸福，另一半人则忙于研究前者是否成功地找到了幸福。在我们的大脑中寻找幸福中心的"精密扫描仪"突然取代了我们简单的主观感觉——"是的，我现在很幸福"。

当英国国家统计局在 2012 年首次发布幸福报告时，还能够举出英国公民感到最幸福的地区和工作。绿色似乎对英国公民的幸福感有积极的影响——这里所说的不是绿色纸币。相反，在苏格兰风景令人叹为观止的绿色地区，人们的幸福感最高，而森林管理员则是满意度最高的工作岗位。

直觉上，我们都明白研究所揭示的：超过一定水平的财富不会带来幸福，尽管可以买到很多舒适。我们的亲身经历也告诉我们，许多给我们带来巨大快乐的时刻不需要花多少钱，或者根本不需要花钱。奇怪的是，尽管我们都认为财富并不能保证幸福，但我们都必须，而且绝对必须，亲自验证这一假设。

如果你愿意如实回答下面这个简单的问题，也许你就可以免去积累和维持财富这一令人沮丧的使命：你可以选择在两个世界中的一个生活。在第一个世界里，你每月赚 5000 美元，而大多数人只赚 2500 美元。在第二个世界里，你每月赚 10 000 美元，而其他大多数人每月赚 20 000 美元。假设两个世界的货币购买力相同，你会选择哪个？在各种研究中，成千上万的调查对象立即选择了相对于他人而言赚钱更多的世界，而放弃了就绝对值而言赚钱更多的世界。自从智人迈出第一步以来，这种将自己与他人进行比较的残酷冲动一直困扰着人类社会。

无论过去还是现在，我们都不会将自己与比尔·盖茨（Bill Gates）和沃伦·巴菲特（Warren Buffetts）进行比较，而只会与大约150个人进行比较：熟人、家庭成员、小学或大学同学、工作中的同事、体育活动中的伙伴，等等。为什么是150个人？这是"邓巴数字"（Dunbar's number），以英国人类学家罗宾·邓巴（Robin Dunbar）命名。邓巴断言，由于我们的认知和情感局限，150是我们能够维持的最大社会关系数量。他的复杂计算基于非人灵长类动物大脑的大小与15万年前它们在非洲大草原漫游的群体大脑的平均大小之间的相关性。

　　Facebook内部社会学家卡梅伦·马洛（Cameron Marlow）在接受《经济学人》（The Economist）杂志采访时再次证实了这一理论。根据马洛的说法，平均每个Facebook用户有120个"好友"。哲学家伯特兰·罗素（Bertrand Russell）在下面这句话中表达了他对人性的深刻理解："乞丐不会嫉妒百万富翁，而是嫉妒比他们拥有更多财富的乞丐。"正如尖刻的作家戈尔·维达尔（Gore Vidal）所承认的那样："每当一个朋友成功时，我内心的一些东西就会死去。"

　　经济资产对我们的幸福感影响有限的第二个原因是它们的临时性。这种现象被称为"享乐适应"（hedonic adaptation）或"享乐跑步机"（hedonic treadmill），反映了我们通常对变化的快速适应，包括获得新的物质资产。最近一次加薪很快成为下一次加薪的基础，我们购买的豪华汽车真皮内饰的香味一个月后就会消散。这种基于渐进的现象缓和了我们在情绪事件中经历的高潮和低谷，使我们回到预设的个人幸福水平。享乐适应的机制类似于恒温器，在冷热变化的条件下按照设定的温度加热或冷却房间。

根据这种观点，我们每个人都有自己的"幸福恒温器"，它定义了我们在一生中的大部分时间里享受的幸福水平。中彩票会在一段时间内改善我们的感受，但在大约一年后，我们将回到我们校准的基本幸福水平。在交通事故中遭受创伤后，我们也会在类似的时间间隔后恢复到这个水平。（只有失业或配偶去世需要更长的调整期。）因此，毫不奇怪，这种现象在许多情况下被描述为"一台跑步机"，我们需要在上面"跑步"以维持一定水平的幸福感。

最重要的是，遗传决定了我们个人幸福恒温器的设定。我们通常认为，一个人幸福水平的 50% 归因于遗传因素，另外 10% 归因于环境因素（如年龄、家庭状况、社会人口统计学特征、职业、智力、外貌和信仰）的组合。因此，我们今天聚集在这里讨论剩下的 40%：我们能够控制的影响我们幸福的因素。

2004 年夏天，备受赞誉的分析师詹姆斯·蒙蒂尔（James Montier）在他的第二季度报告中让 DKW 投资银行的雇主大吃一惊：他没有像预期的那样提供经济见解，而是向银行客户提供了一些如何提升幸福感的建议。在蒙蒂尔的颠覆性文件中，他也毫不掩饰地表示，银行客户可能从他的经济建议中获得的资本收益不一定会让他们更幸福。当得知这位有趣的分析师不再在这家银行工作时，你不会感到惊讶，但他的一些建议在今天仍然适用。2007 年，我在我的第一本书《黑猩猩会考虑退休吗》（*Do Chimpanzees Think About Retirement*）中总结了他的结论。我持续关注书中提到的各种研究，尤其是心理学家戴维·迈尔斯（David Myers）的研究及心理学领域发表的一些重要更新。我很高兴在这里向你介绍十条幸福法则，所有这些都在你的掌控之内。

1. 深刻认识到幸福不取决于经济成功

事实上，不仅财富买不到幸福，认为物质上的成功会带来幸福的想法更会滋生不幸福。在某种程度上，这是由我们与生俱来的破坏性比较机制——即我们总能找到比我们更富有的人——造成的。同时这也归因于享乐适应，它调节了经济成功带来的任何情绪高涨。

美国心理学家蒂姆·卡瑟（Tim Kasser）是"物质主义损害幸福"这一观点最著名的支持者。在一项关于物质主义代价的研究中，他考察了商科专业学生的幸福感与他们的物质主义之间的相关性。他发现，那些倾向于用金钱和知名度来衡量自我价值的人，即使达到了为自己设定的目标，其自我实现感也较低。而偏好自我发展和社区参与等内在价值观的学生在成功实现目标时，会报告有更高的自我实现感。

此外，事实证明，物质主义和社会孤立是相互加强的：孤独的人强迫性地追求物质财富，而物质主义者更容易有孤独的危险。物质主义者似乎也更容易患上偏执型、自恋型人格障碍，以及出现与焦虑和注意力等相关的问题。你可以从美国诺克斯学院制作的图文并茂的视频短片中学到很多东西，卡瑟在该学院教授心理学。卡瑟言行一致——他与妻子、两个孩子和几只宠物在美国伊利诺伊州的一个农村过着俭朴的生活。2014 年 12 月，在接受美国心理学会（APA）的采访时，卡瑟指出，物质至上的人还会付出额外的社会代价：他们被认为更喜好竞争，更会摆布人，更自私且缺乏同情心。他断言，人们变得物质主义是因为他们从父母、朋友或媒体那里接收到的信息，同时也是因为他们缺乏自信、受到排斥、经济压力大。

卡瑟与英国苏塞克斯大学的同事进行了一项综合分析，比较了时间跨度相对较长（长达 12 年）的研究，这项分析有助于进一步消除对下面这一点的任何挥之不去的怀疑，即物质主义确实会降低幸福感，并使抑郁和躯体疼痛更加严重。那些被定义为"物质主义"的人也报告称，他们的愉快经历更少，对生活的满意度也更低。

2. 投资于体验而非资产

　　说到幸福，体验与资产相比具有明显的优势。首先，体验受享乐适应的影响较小。因此，你可以去看一场演出，而不是买一件新衬衫；你可以去国外旅行，而不是购买珠宝或时尚手表。体验还有另外一个重要优势：在事后回忆起它们时，我们可以在脑海中对它们进行美化。最重要的是，我们的身份是由我们积累的体验（以及我们对这些体验的记忆）构成的，而不是由我们的资产清单构成的。与许多广告商希望我们相信的相反，我们并不是我们所购买的东西。

　　如果你已经决定购买资产，那么请将它们分成小笔购买，并与你生活中的积极事件相对应，不要一次性地大笔支出，在无情享乐适应的磨石下体验短暂的快乐。我们什么时候才能最终明白，我们无法通过购买足够多（我们本来就不需要）的东西来获得快乐？

3. 腾出时间定期进行体育锻炼

　　研究人员对这一问题的看法高度一致。20分钟适度的体力活动足以将内啡肽释放到血液中，内啡肽是我们大脑中产生的化学物质，有助于缓解疼痛和压力，克服轻微的抑郁。顾名思义，这一物质的结构与吗啡相似，但其来源是天然的——人体本身。有规律的体育锻炼对健康有许多益处，这反过来又会影响我们的幸福感。建议每周进行 150 分钟的体育锻炼，最好是在户外。近期的研究表明，与普遍的看法相反，超过这一基本时长会对健康产生额外的益处，峰值是每周运动 8 小时。

4. 投资于发展亲密的社交关系

马尔科姆·格拉德威尔（Malcolm Gladwell）在《异类：不一样的成功启示录》（*Outliers: The Story of Success*）一书的序言中介绍了美国宾夕法尼亚州一个名叫罗塞托的小镇，这个小镇是由来自风景如画的意大利同名村庄的移民建立的。第一批移民于 1882 年抵达，他们被吸引到宾夕法尼亚州的这一地区，从事石板开采工作——这是几个世纪以来罗塞托人的传统生计来源。

不久，大量来自这个意大利村庄的移民听说了新世界的无限可能，并加入了宾夕法尼亚州的拓荒队伍。到 19 世纪末，罗塞托这个美国小镇上已有几千名移民，他们继续沿袭着故乡的风俗习惯，用意大利福贾地区的方言兴致勃勃地交谈。1896 年，一位充满活力的年轻牧师来到了这个偏僻的小镇，一股社会和经济发展的势头席卷而来。在他的领导下，人们成立了灵修会，组织了节日活动。这位富有远见的牧师鼓励居民把自家后院打造成花园和果园，并分发种子和球茎。很快，其他社区机构也紧随其后，学校、修道院和公园建造了新的社会基础设施。

20 世纪 50 年代末，俄克拉何马大学的内科系主任斯图尔特·沃尔夫（Stewart Wolf）来到罗塞托附近的一个农场度假。在一次与当地医生的闲聊中，他听说 65 岁以下的罗塞托人很少患心脏病。（当时是 20 世纪 50 年代，心脏病在美国已达到流行病的程度，而且当时还没有降胆固醇的药物和作为血液稀释剂的阿司匹林。）沃尔夫预感到其中蕴含着科学奥秘，并迅速组织了一个研究小组对此进行调查。他最初认为，这种对心脏病的明显免疫力可以归因于罗塞托人的生活方式和饮食习惯，但他很快发现，他们 41% 的热量摄入是基于脂肪的，而且他们更喜欢葡萄酒而不是任何其他饮料，包括牛奶。沃尔夫意识到，答案并不在居民的生活方式上。

接下来，沃尔夫排除了罗塞托人的健康状况与基因有关的可能性：他追踪了来自意大利同名村庄但在北美其他地方定居的移民，发现这些人的死亡率与全美国平均水平相似。试图在地理区域方面寻找答案也没有成功。两个相邻小镇居民的医疗记录呈现出一幅令人沮丧的画面：心脏病的死亡率是罗塞托的三倍。另一个统计数字上的奇迹是，在这个小镇中，丧偶男性的数量超过了丧偶女性，这与其他地方的情况正相反。当然，不用说，犯罪率为零。

沃尔夫意识到，答案就在小镇本身。事实上，当他在镇上散步时，他注意到居民们在街上聊天，偶尔即兴邀请对方到家里吃顿饭，通常三代人住在同一个屋檐下。家庭主妇备受尊重，老年人也能融入社区。

沃尔夫认为，罗塞托人心脏病发病率较低，是由于无压力的生活方式。这个小镇非常有凝聚力，没有攀比之风。他后来写道："房子离得很近，每个人的生活都差不多。"在一个社会指南针是平等主义的社区里，那些成功的居民不会轻易炫耀他们的成功，而那些失败的居民可以很容易地隐藏他们的处境。简而言之，20 世纪上半叶生活在罗塞托的人不会感到孤独（或嫉妒）。

这种现象被称为"罗塞托效应"（Roseto Effect），一经发现就引发了深入的研究和跟踪。一项持续了至少 50 年的研究发现，随着罗塞托人偏离他们的意大利社会传统，转而接受美国社会的特征，他们的死亡率有所攀升。1971 年，这个小镇出现了第一例 45 岁以下心脏病患者的记录。

对我来说，罗塞托的故事代表了近年来幸福研究的最大创新：社区、无论顺境还是逆境都有人与之分享生活，以及亲密关系的发展对个人幸福的贡献超过了本列表中的大多数因素。从某种意义上讲，朋友和配偶不会受到享乐适应的影响。相对于金钱买不到的东西，我们会更快地习惯于金钱能买到的东西。

5. 让身体得到应有的休息

为了推进职业生涯和获得经济回报，我们是否最好放弃几个小时的睡眠？如果你向经济学诺贝尔奖得主、在幸福研究领域颇有影响的丹尼尔·卡尼曼（Daniel Kahneman）咨询，他会毫不犹豫地回答：如果在两者之间做出选择的标准是你的幸福，那么睡眠比加薪更重要。卡尼曼在 2006 年发表的一篇文章中指出，生活满意度与睡眠质量的相关性高于生活满意度与收入（以及许多其他因素）的相关性。快乐的人非常活跃，但一定要让身体得到适当的休息。睡眠不足会导致疲劳、注意力不集中和情绪低落。适当的睡眠与记忆力和创造力的提高、对咖啡因等兴奋剂的依赖的减少，甚至更容易减肥之间都存在积极的联系。

6. 控制时间，设定可实现的目标

2004 年，詹姆斯·史密斯（James Smith）和贝伦·奥尔德里奇（Beren Aldridge）在英格兰湖区创办了一个农场，为患有各种精神障碍的患者提供替代治疗。这些患者的医生或福利官员决定，由于这样或那样的原因，他们不能接受药物治疗。与大自然亲密接触、挤牛奶、种植蔬菜在当地市场出售，这些听起来很简单，却对那些因嘈杂的城市生活而精神失常的人产生了积极的影响。该项目非常成功，农场"志愿者"（对患者的称呼）的状况也有了明显改善。

原因是什么？亲近大自然？户外运动？拥抱树木？奥尔德里奇认为并非如此。在他看来，关键因素在于给予"志愿者"自由，让他们在类似合作社的组织结构中，计划自己的日常安排和生活。如果没有农场生活的核心组成部分，即成员参与决定其日常生活及其在农场发展等级中适当位置的决策，那么园艺、放牧和收割的治疗效果就会非常有限。

我们都倾向于高估自己在一天内能完成的事情，却低估自己在一年中能取得的成就。快乐的人意识到了这一点，他们会设定可实现的目标，包括日常目标。当他们掌控自己的命运并实现为自己设定的日常目标时，他们会感到快乐。

考虑到内啡肽，我内心深处知道，当我在寒冷的天气出门跑步时，我依然能获得深深的满足感，因为即使天气条件诱使我放弃，我也能对自己的生活保持一定的控制。

7. 在"心流"状态下做事

"心流"是美国加利福尼亚州克莱蒙特研究生大学的工商管

理学教授米哈里·奇克森米哈伊（Mihaly Csikszentmihalyi）提出的概念。要是瑞典皇家科学院的成员能够念出他的姓氏，他早就获得诺贝尔奖了。奇克森米哈伊将"心流"定义为一种完全沉浸于当前活动但不被其淹没的状态。当我们处于心流"区域"时，我们所有的情绪都会被调动起来执行手头的任务，而不会想到其他任何事情。处于心流状态的人（这让人想起东方哲学中描述的类似状态）报告称，他们有一种自发的喜悦和兴奋的感觉。心流取决于在特定任务的挑战和执行任务的技能之间保持微妙的平衡：技能水平超过挑战会导致无聊，而挑战超过技能水平会导致挫败感。

当你在加勒比海的私人游艇上巡游，纠结于现在喝鸡尾酒是否为时过早，或者纠结于你的泳衣是否符合最新的时尚潮流时，你是无法达到"心流"状态的。周末织毛衣或整理书柜时更容易达到"心流"状态。写书的人都有过很多次这样的经历：抬头看时钟时，吃惊地发现已经凌晨两点了。

8. 关掉电视机

看电视有害。越来越多的研究表明，看电视与幸福之间存在负面联系。看电视几乎不符合我们在前面列出的任何一条幸福法则。在比较测验中，我们注定要在电视上看到比我们更有魅力、更聪明、更会操作各种奇特武器的人。如果你声称真人秀节目的参与者都是像你我一样的人，那么你不得不承认，有时你会忍不住想，也许他们更勇敢一些。

如果你已接受物质主义对你有害，那就来听听蒂姆·卡瑟的另一个见解。他的研究还表明，人们看电视越多，就会变得越物质。电视网络受商业动机驱动，而这些动机几乎只能通过广告来实现。广告商在编广告词时最不愿意考虑的就是我们的幸福。相反，只有当他们让我们感到痛苦，并使我们相信只有购买他们推销的产品才能治愈痛苦时，他们才能成功地把产品卖给我们。

这也是建议限制使用社交网络的原因。我们将自己的生活与朋友在社交媒体上晒出的幸福经历进行比较后，那点儿尚未被摧毁的快乐，都会立即被广告所侵蚀，这些广告是根据我们的需求量身定制的，带有精确而可怕的"统计手术刀"。卡瑟与美国圣迭戈州立大学的心理学教授让·特文格（Jean Twenge）进行的一项令人大开眼界的研究发现，青少年物质主义的增长与美国经济中广告支出的增长直接相关。

我们一生中对着电视机屏幕的时间可能比在办公室的时间还要多；我们不会利用这段时间进行体育活动或发展社交关系。事实上，肥胖和社交孤立与每天观看两个小时以上的电视，以及在电视机前进食直接相关。2008 年发表的一项基于 3 万人样本的综合研究显示，生活中不快乐的人在电视机屏幕前花费的时间比快乐的人多30%。

保罗·多兰（Paul Dolan）在其2014年出版的《设计幸福：改变做什么，而不是改变想法》（*Happiness by Design: Change What You Do, Not How You Think*）一书中指出，快乐和意义之间的微妙平衡是幸福的关键。多兰是一位为英国政府提供"个人福祉"建议的经济学教授。在多兰看来，看电视是愉快但毫无意义的活动，而养育子女恰恰相反：它并不总是令人愉快，但有意义。

此外，在很多情况下，我们都是一个人看电视，我们已经知道，那些远离朋友和家人的人也远离了幸福。T. S. 艾略特（T. S. Eliot）给电视下的定义很好："电视是一种娱乐媒介，它允许数百万人在同一时间听同一个笑话，却仍然感到孤独。"

9. 走出自我，去做更重要的事，帮助有需要的人

快乐的人倾向于与他人分享他们的好运——这就是所谓的"乐者助人"现象。然而，事实证明，这是双向的：当你给予他人时，你自己的幸福感会提升。150年前，亚伯拉罕·林肯（Abraham Lincoln）就认识到了这一点（"做好事时，我感觉很好"）。如今，行为科学家已经证实，参与志愿服务、帮助他人或以其他方式表达利他主义的人感觉更好，他们经常体验到许多人

在体育锻炼后感觉到的那种"兴奋"。这仅仅是激素的释放改善了我们的低血糖，还是社会比较机制再次"抬头"？激素固然重要，但我们也要认识到，当我们帮助他人时，我们也会感到——至少在比较中——我们的处境并不那么糟糕。

如果你还选择参与一个旨在减少社会不平等的项目，你可能会成为双料赢家。大石繁弘（Shigehiro Oishi）和艾德·迪纳（Ed Diener）是美国国家层面备受推崇的幸福研究者，他们在一项涉及 15 万美国受访者的研究中发现，1972—2008 年，美国公民的幸福感与经济不平等程度成反比。越不平等，幸福感就越少。反之亦然——越平等，幸福感就越多。

10. 心怀感恩，不以追求幸福为目的

你不需要成为佛教徒，也可以感恩你所拥有的一切：家庭、朋友、教育、健康或自由，不一而足。积极心理学是行为科学中一个相对较新的分支，其支持者声称，如果你每天晚上记得对当天发生在你身上的三件好事心存感激，那么在三周内你就会发现自己的情绪发生了积极的变化。想一想社会攀比这只"蛀虫"对我们造成的伤害，你就会明白为什么对发生在我们身上的好事心存感激，而不与他人进行比较，是提升我们个人幸福感的一剂良方。

　　不要为了幸福而追逐幸福，因为尽管我们通常知道自己何时幸福，但有时，正如约翰·巴里摩尔（John Barrymore）所指出的，"幸福常常从一扇你不知道自己没关的门溜进来"。而在其他情况下，我们只有在幸福—— 一个喜欢躲避我们目光的腼腆家伙——离开我们的房间后，才知道我们曾被幸福光顾。由于我们大多数人不知道究竟是什么让我们感到幸福，因此一味地追求幸福注定是要失败的。有人把幸福比作蝴蝶——你越是追逐它，它就越是躲避你。然而，如果你专注于其他事情，它可能就会来到你身边，落在你的肩膀上。重要的是要记住，如果成功是实现我们想要的东西，那么幸福就是想要我们已经实现的东西。

谦逊一点会大有裨益

我们过于重视自信，却忘记了谦逊的力量。

　　据说在20世纪90年代的某一天，媒体大亨泰德·特纳（Ted Turner）在一个自我陶醉的兴奋时刻说道："再来一点谦逊，我就完美了。"尽管特纳此后变得谦逊了很多，但今天的科技企业家们却依然表现出类似的傲慢。

　　为什么要谦逊？毕竟，亚里士多德（Aristotle）说过："求知是人类的本性。"智识谦逊（intellectual humility）是谦逊的一个特殊例子，因为你可以在大多数事情上都实事求是，但仍然忽略你的智力局限。智识谦逊意味着认识到我们并非无所不知——我们所知道的，我们不应当为己所用。相反，我们应当承认自己可能对理解的程度有偏见，我们应当寻找我们缺乏的智慧源泉。

　　互联网和数字媒体让我们感觉无限的知识触手可及。但是，它们使我们变得懒惰，同时也为无知提供了空间。美国加利福尼亚大学的心理学家塔尼亚·隆布罗佐（Tania Lombrozo）在"边缘"（Edge）网站上解释了技术如何助长我们对智慧的错觉。她认为，关于某个问题，我们获取信息的方式对我们理解该问题至关重要——我们越容易回忆起相关图像、词语或陈述，就越有可能认为自己已经学会了，因此不再费力进行认知处理。例如，以不友好字体呈现的逻辑谜题，会鼓励人们付出额外的努力来解开它们。然而，这种方法与充斥在我们屏幕上的应用程序和网站的时尚设计背道而驰，我们的大脑会以一种令人难以置信的"流畅"方式处理信息。

那网上进行的所有评论和对话呢？好吧，你是否能从中学到东西取决于你对他人的态度。在智识方面谦逊的人不会压抑、隐藏或忽视自己的弱点，就像许多"喷子"那样。事实上，他们将自己的弱点视为个人发展的源泉，并将争论视为完善自己观点的机会。天生谦逊的人往往思想更加开放，解决争端的速度更快，因为他们意识到自己的观点可能不正确。美国加利福尼亚州斯坦福大学的心理学家卡罗尔·德韦克（Carol Dweck）的研究表明，如果你相信智力可以通过经验和努力来发展，你就会比那些认为智力是遗传和不可改变的人更加努力地解决困难的问题。

智识谦逊依赖于将真理置于社会地位之上的能力，其主要标志是致力于寻求答案，并愿意接受新观点——即使这些新观点与我们的观点相矛盾。在倾听他人时，我们可能会发现他们比我们懂得更多。但谦逊的人将个人成长本身视为一个目标，而不是视为提升社会地位的手段。如果只关注自己和自己在世界中的位置,我们将错过很多可用的信息。

另一个极端是智识傲慢——过度自信的邪恶"孪生兄弟"。这种傲慢几乎总是源于自我中心偏见(egocentric bias),即高估自己的美德或重要性这一倾向,忽视机遇或他人行为对自己生活的影响。这就是我们将成功归因于自己,将失败归因于环境的原因。自我中心偏见是可以理解的,因为我们的个人经验是我们最了解的。当这种经验太少以至于无法形成严肃的观点时,这就成问题了,然而我们仍然这样将就着。研究表明,人们很难注意到自己的盲点,即使他们很容易在他人身上发现盲点。

从进化的角度来看,智识傲慢可以被视为通过将自己的观点强加于他人来实现统治地位的一种方式。而智识谦逊将智力资源用在讨论和努力达成群体共识上。美国加利福尼亚州茁壮成长人类发展中心(Thrive Centre for Human Development)旨在帮助年轻人成长为成功的成年人,该中心正在资助一系列关于智识谦逊的重要研究。他们的假设是谦逊、好奇心和开放性是实现充实生活的关键。他们的一篇论文提出了一个衡量谦逊的量表,考察了人们是一贯谦逊,还是取决于环境等问题。承认我们的观点(以及他人的观点)会因环境而异,这本身就是减少过度自信的重要一步。

　　在科学领域，如果说需求是发明之母，那么谦逊就是发明之父。为了跟上不断的创新，科学家必须愿意放弃他们的理论，转而支持新的、更准确的解释。许多在职业生涯早期就取得重要研究成果的科学家，发现自己被自我所阻碍，无法取得新的突破。哲学家 W. 杰伊·伍德（W. Jay Wood）在其引人注目的博客中写道，智识谦逊的科学家比缺乏这种美德的科学家更有可能获得知识和洞察力。他说，智识谦逊"改变了科学家自身，使他们能够以更有效的方式指导自己的能力和实践。"

　　据报道，当爱因斯坦（Einstein）说"信息不是知识"时，他就知道智识谦逊的重要性。谷歌前人力资源主管拉兹洛·博克（Laszlo Bock）也同意这一观点。在接受《纽约时报》（New York Times）采访时，他说谦逊是他在候选人身上寻找的最重要的品质之一，但在成功人士身上很难找到，因为他们很少经历失败。他指出："没有谦逊，你就无法学习。"对于一家在使信息看起来即时、无缝、类似快餐方面做得比其他任何公司都多的公司来说，这也许有些讽刺意味。也许谦逊是你只有在没有意识到它的时候才能拥有的东西。

插画师：小丸子

第二篇

为什么聪明人会干傻事

为什么聪明人会干傻事

大脑如何继续保护我们免遭已经不存在的威胁？

闭上眼睛，想象从大爆炸至今的整个宇宙历史发生在 24 小时之内。一切始于午夜，但直到下午 3 点 43 分，我们宝贵的太阳才升起。生命最初的迹象——细菌，出现在下午 6 点 40 分。5 小时后，昆虫出现了。一颗小行星在午夜前 6 分钟撞击地球，摧毁了恐龙。猿猴直到午夜前 31 秒才从树上下来，而我们智人诞生于午夜前不到 1 秒的时间。我们所知的所有人类历史都发生在那最后的三百分之一秒内。

在这个微小的时间跨度内，在宇宙的尺度上，我们发明了中世纪骑士冒险传奇、原子弹、职业、民族主义（后两项仅在大约 150 年前）及奇妙的真人秀。我们日常关注的事情只是进化中的一瞬间。这引出了一个问题：如果人类大脑在昆虫和猴子身上度过的时间比与其他人类在一起的时间更长，这不会影响我们应对现代挑战的方式吗？事实上，相对于缓慢的进化过程而言，近几个世纪人类的发展速度太快了，我们大脑的各个部分仍未适应现代生活的需求。

我们与其他物种的相似性显示出了我们的局限性：黑猩猩是最接近我们的物种，我们与黑猩猩共享 98.76% 的基因组成。因此，当面临挑战时，我们很可能会使用与黑猩猩和其他低等物种共享的技能且毫不自觉。和其他物种一样，我们的大脑是台复杂的机器，时刻警惕着威胁。在徒劳地寻找早已从世界上消失的生存威胁的过程中，人类大脑利用了其原始的识别模式的能力：生存取决于对威胁的早期发现，这是自然法则。

我们的大脑宁愿付出 99 次虚假警报的代价，也不愿错过 1 次真正的威胁。结果就是形成了一种明显浪费的机制，不"惩罚"假警报，也不为了潜在威胁而调动资源。相比之下，在金融投资中，对模式或趋势的误判几乎会立即受到惩罚。

近年来，人们非常关注和平共享大脑的两个系统：情绪系统和思维系统。情绪系统是我们所感知到的"直觉"，它快速、自动的反应是大脑的默认反应。情绪系统负责我们的生存，通过启发式的使用或捷径管理大量信息——通常以牺牲合理的判断为代价。但是当你的生命岌岌可危时，迅速做出决策至关重要。当我们用母语说话或说真话时，就是情绪系统在起作用。它让我们更关注说话者语调的变化，而不是所说的内容。而思维系统会进行更复杂的评估，随后确定或更改情绪系统所做的决策。然而，当思维系统受到干扰或反应过慢时（情绪系统的速度是其两倍），我们会错误地认为自己是在理性地思考，而实际上是我们那极易产生偏见的情绪系统在做出反应。

　　情绪系统的主要缺陷是对概率视而不见。因此，我们允许随机事件影响我们的思维方式。爱因斯坦认为，"巧合是上帝保持匿名的方式"。同样，诺贝尔物理学奖得主沃尔夫冈·泡利（Wolfgang Pauli）认为，巧合是无形原理的可见痕迹。当我和妻子在伦敦巧遇她的一位失散多年的儿时伙伴时，我们需要努力提醒自己，在一座千万人口的城市里，百万分之一概率的事件每天会发生 10 次。谈到巧合，我们倾向于拒绝统计数据，屈服于为生活赋予表面上的意义这一诱惑——这为我们带来了一种控制感。忽略纯粹的随机性在我们生活中的作用，使我们将成功归因于天赋卓绝，将失败归因于坏运气。

　　承认"均值回归"这样的统计真理要无聊得多：在这种现象中，一个变量如果在第一次测量时得到极端值，那么在第二次测量时就会趋于平均值。19 世纪末，弗朗西斯·高尔顿（Francis Galton）首次注意到了这一趋势，当时他观察到父母的极端特征（如身高）并不会完全遗传给后代。父母高大的子女往往高挑，但不及父母高；父母矮小的子女会比大多数人矮，但可能高于父母。流行杂志《体育画报》（Sports Illustrated）曾经遇到一个难题，顶级运动员拒绝登上该杂志的封面，因为有传言称，这会让他们在接下来的几周内表现不佳或受伤。该杂志的编辑调查了这一传闻，结果令他们大失所望，因为传闻是真的：在他们调查的 2456 期杂志中的 913 期，运动员在登上杂志封面后成绩下滑。均值回归完美地解释了这一点：运动员在取得优异成绩后会登上头版头条。在此之后，除非立即出现提高成绩的技术飞跃，否则他们将自然而然地回归到平均成绩，而这样的成绩并不会成为头条新闻。

媒体喜欢不寻常的故事，很少跟进枯燥乏味的均值回归情况。正如丹尼尔·卡尼曼在他的诺贝尔奖获奖感言中所言，我们听到、看到的只是某个极度令人难过的周末的道路伤亡人数、足球的最高或最低进球纪录，或者美国空军学院里飞行员的表现。如果你不了解均值回归，倾向于寻找意义和模式，你一定会对单个不寻常事件给予过高的重视。

毫无疑问，大自然为我们提供了海量诱人的随机模式。通过足够大的样本，我们可以发现任何我们想要的模式：我们的大脑会自动把这些点连接起来。在一个繁星点点的夜晚抬头仰望天空，你可以看到你想要的任何东西——一头狮子、一只蝎子或一把勺子，凡是你能想到的。英国数学家和哲学家弗兰克·拉姆齐（Frank Ramsey）将其短暂的一生致力于研究混沌。他发现，即使在相对较小的样本中也可以发现一定的秩序。根据拉姆齐定理，如果我们以任意顺序重新排列前 101 个数字，我们总能找到 11 个数字按顺序递增或递减的方式排列（但不一定是连续的）。

你能看出这将产生错误的决策吗？一方面，我们大脑的原始部分通过寻找模式来发现威胁；另一方面，大自然（和人类）会不断地创造随机模式。两者的结合产生了众所周知的人性弱点：过度自信。80% 的人相信自己在驾驶、恋爱和为人父母方面比普通人做得更好，而且会比同学们更长寿。70% 的律师相信他们的辩护证据比对手的更确凿。鉴于 19% 的美国人相信自己是最富有的 1%，过度自信势必会提高他们在一切面试或派对上的吸引力。

过度自信源于我们的祖先为了欺骗他人——更重要的是，为了欺骗自己——而获得的技能。要想在正式分享猎物之前窃取一些战利品，你必须知道如何欺骗他人。现如今，我们使用欺骗主要是为了提升自己的社会地位。然而，令人恼火的是，我们的大脑不喜欢我们撒谎，并通过改变我们的生理反应和措辞，以及其他各种暗示性迹象来泄露我们的底牌。为了成功地欺骗他人，我们首先必须欺骗自己的大脑。如果没有培养一些强大的压抑机制，我们很难应对生活抛给我们的失败。而通往过度自信之路正由此开始。

我们如今的信息过载培养了过度自信：我们认为我们可以高效地处理从四面八方涌来的无穷无尽的信息流，并且总是能够区分良莠。然而，不幸的是，这种想法是错误的。在一项著名的实验中，心理学家保罗·斯洛维奇（Paul Slovic）考察了信息水平与过度自信之间的关系。他询问了八位赛马庄家，他们认为哪些因素决定了一匹马赢得比赛的概率。他们总共列出了 88 个变量，包括马匹的历史表现、赛马场的质量和骑师的体重等。接下来，斯洛维奇根据他们所列变量的重要性顺序，为他们提供了过去 40 场比赛的数据。数据分四个阶段呈现：首先是给出 5 个变量的数据，然后给出 10 个，接着是 20 个，最后是所有的 40 个因素的数据。在每个阶段，研究人员都会问庄家们，他们认为哪五匹马赢得了比赛，以及他们对答案的确信程度如何。他发现，无论庄家们掌握了多少信息，他们选择的准确性都保持不变。然而，随着信息的增加，庄家们对答案的信心急剧提高。何须以赛马场为例呢？在谷歌搜索引擎中，你输入的单词越少，搜索效果就越好。

过度自信会导致我们做出错误的决定，因为它让我们即使在不该行动时也采取行动。所有投资者都知道，过度行动对企业来说是可怕的，而一项特别有独创性的研究发现，在罚点球时，守门员站着不动比跳向球门一侧效果更好。过度自信还会使我们否认纯粹的运气，给我们一种虚假的控制感，导致我们低估他人的反应，这些都是导致糟糕决策的典型错误。那些不断获得决策反馈的人，如气象学家，不太容易过度自信。此外，抑郁显然可以防止你过度自信，也可以让你比那个令人讨厌的开心的同事更好地把握现实。

我们基于三类信息做出决策：我们知道自己知道的、我们知道自己不知道的，以及我们不知道自己不知道的。最后一类信息受到过度自信的影响——我们越是承认自己不知道的事情，我们做出的决策就越好。但是我们必须患上临床抑郁症才能做到这一点吗？正如先前提到的，一个较新的心理学分支提供了更乐观的选择，即"智识谦逊"（请参阅"谦逊一点会大有裨益"）。

2014 年，彼得·塞缪尔森（Peter Samuelson）和伊恩·彻奇（Ian Church）这两位研究智识谦逊的主要研究者发表了一篇文章，标题是"已知的未知：如何不再担心不确定性并热爱智识谦逊"（Known Unknowns or: How we learned to stop worrying about uncertainty and love intellectual humility）。他们强调，对政策制定者和我们其他人而言，承认有些信息是未知的，这一点至关重要。他们将智识谦逊定义为"一个信念值得你用多大的坚定性持有它，就以多大的坚定性持有它。有些信念，如'2+2=4'这个信念，应该坚定不移地相信；否则，对 2+2 是否等于 4 存在严重且持久的怀疑，就是智识上的不自信或自我贬低。而有些信念，如有多少位天使能在针尖上起舞，不值得多么坚定地相信；否则，假如坚信恰好有五位天使能在针尖上起舞，那就是智识上的傲慢。"

然而，基本的问题仍然没有解决：一个人能意识到自己在智识上谦逊吗？如果你宣称自己在智识上是谦逊的，这难道不是一种傲慢吗？犯罪小说作家海伦·尼尔森（Helen Nielsen）给出了一个答案："谦逊就像内衣，必不可少，但如果外露就不得体了。"

对外语老师道声谢

为什么用外语引入问题可以克服主要的认知偏见？

我们生活在这样一个时代，远古时期的生存挑战已被新的挑战所取代，这些挑战的形式是必须在选择之间做出选择，无论在消费、投资还是职业方面。虽然我们的情绪系统全面配备了一系列过时的本能，专注于降低风险和即时回报（在食物耗尽之前），但正如前文所述，它的主要缺点是它对概率和复杂的计算视而不见，而这些概率和计算是满足现代世界需求所必需的。我们大部分误判的根源在于我们相信我们的理性系统在运作，而实际上我们是在回应专横、敏捷的情绪系统。这种现象被统称为"认知偏见"（cognitive bias），迄今为止，研究者已经确定了数十种认知偏见。该领域的主要研究者是阿莫斯·特沃斯基（Amos Tversky）和丹尼尔·卡尼曼。后者于 2011 年出版的《思考，快与慢》（*Thinking, Fast and Slow*）一书，给我们带来了深入探讨决策方式的奇妙旅程，也描绘了一幅悲伤的画卷，即我们的大脑如何屈服于情绪系统的支配，做出错误的决定。

　　两种比较著名的认知偏见属于卡尼曼和特沃斯基在 20 世纪
70 年代末提出的前景理论，即"呈现偏见"（presentation bias）
和"风险规避"（risk aversion）。呈现偏见是指，我们倾向于偏
爱一种可能性，而不是另一种具有相同统计期望的可能性，仅仅
因为它们的呈现方式不同。例如，如果你身边的人生病了，需要
做手术，你会更倾向于死亡率 30% 的手术，还是成功率 70% 的
手术？而风险规避则反映了失败的痛苦和成功的愉悦之间的不对
称性。事实证明，大多数人都愿意放弃可能的盈利机会，只是为
了避免由损失带来的痛苦。实际上，正如卡尼曼和特沃斯基在
1979 年的一项重要实验中发现的那样，潜在收益必须是可能损
失的两倍或更多，才能抵消人们的风险规避心理。

　　如果情绪系统确实是造成我们许多决策偏见的原因，那么我
们可以探知，在使用外语的同时做出决策是否会在一个甚至不知
道有外语存在的头脑中为决策回路创造一个原始的旁路，这个旁
路可以设法中和过程中的情感成分。由美国芝加哥大学的波阿
兹·科萨（Boaz Keysar）领导的研究团队就这个问题展开了探
索，试图查明用外语思考是否真的能减少可能影响决策的认知偏
见。研究人员从早期的研究中获得了鼓舞，这些研究表明，人们
对用外语说的禁忌词、责骂甚至爱语的反应不及对母语的反应强
烈；换句话说，激活大脑中处理外语的部分会减少情绪系统的影

响，从而有望让更理性的决策系统占上风。

　　研究人员在三个大洲开展了六项研究，参与者涉及 600 多名说五种不同母语的人。在第一个系列实验中，研究人员向参与者展示了由卡尼曼和特沃斯基在模拟呈现偏见时开发的"亚洲流感"问题。研究人员向参与者描述了这样一个假想情景：美国正在为一次流感暴发做准备。面对即将到来的流感，参与者被要求在两种行动方案之间做选择。一种方案相对安全，可以确保三分之一患者的生存；另一种方案似乎风险更大，可能会拯救所有人的生命，但如果失败，三分之二的患者就会死亡。尽管从统计效用的角度来看，这两种选择是相同的（只是成本 / 回报率不同），但事实证明，当结果以积极方式（患者幸存）呈现时，人们明确偏好更安全的选项，但在试图避免以消极方式呈现的结果（患者死亡）时，人们倾向于冒险一搏。然而，当科萨及其同事用外语向参与者提出这个问题时，他们能更好地应对呈现偏见的影响，成功地发现这两种方案的相似之处。

　　为了测试语言对另一种认知偏见——风险规避——的影响，研究人员给每位参与者分发了 15 张 1 美元的钞票，每轮他们都要拿出 1 美元下注（参与者总共有 15 轮下注机会）。在每一轮中，参与者可以决定是保留这 1 美元还是将其押注在抛硬币上，如果赢了，参与者就可以额外赢得 1.5 美元，但如果输了，就会失去下注的 1 美元。当测试引导语用参与者的母语呈现时,他们更容易受到风险规避(对损失的恐惧)的影响,哪怕有正面预期价值,也只有 54% 的人决定下注。而当测试引导语用参与者习得的语言进行时,有 71% 的人会下注。研究人员得出结论,用外语做决策会降低过程中的情绪反应,从而减少决策时出现偏见的可能性。

如果情况确实如此,那么我们投资计划的管理者是不是应该用外语向我们提出提案呢?当然,前提是他们自己在进行投资时也使用外语。

犯人的困境

"法官的裁决取决于他早餐吃了什么",最近,这种冷嘲热讽的说法得到了科学证实。以色列本—古里安大学的史艾·丹齐格(Shai Danziger)和利奥拉·艾弗南-佩佐(Liora Avnaim-Pesso),以及美国哥伦比亚商学院的乔纳森·拉维夫(Jonathan Levav)于 2010 年发表的一项研究表明,法官的饮食,尤其是用餐时间,与他们准予提前释放表现良好的囚犯之间存在联系。

这项研究调查了两个假释委员会的八名法官在 10 个月内审议的 1112 起案件。结果表明,案件审议在一天中的时间点与囚犯获得假释的机会之间存在高度相关性。囚犯犯罪的严重程度、国籍或性别都不能决定判决结果,最关键的因素是法官名册上案件的顺序。那些一早被提交给假释委员会的案件涉及的囚犯有三分之二的机会获得他们渴望已久的假释。在早餐或午餐时间前,这个概率几乎降为零,但随后会恢复,并随着时间的流逝再次减少。研究人员对这一现象做出了解释:一系列决定需要心理资源，而这些资源会随着使用而逐渐耗尽。在这种情况下，决策者倾向于选择节省这些资源的默认选项。在当前案件中，拒绝假释或重新安排听证（这两种决策平均需要的时间分别为 5 分钟和 7 分钟），比批准假释涉及的错误风险更低，决策速度更快。休息和进食会恢复心理资源，从而增加批准假释决策的比例。我们在这里讨论的并不是法院书记员对案件进行初步准备，以确保先讨论简单的案件（案件的顺序是由囚犯律师的到场顺序决定的），而是一个越来越受到研究人员关注的现象，即"决策疲劳"（decision fatigue）。我们被要求进行决策的时间越长，我们疲惫的大脑就越会寻找捷径。其中一种方法是放弃评估决策的可能后果（这会导致不负责任的行为），而更常见的方法是不采取任何行动——选择最终的默认选项。

《纽约时报》的科普作家约翰·蒂尔尼进一步调查了这一现象。2011 年，在蒂尔尼与罗伊·鲍迈斯特合著的《意志力》一书出版之前，蒂尔尼在《纽约时报》上发表的一篇文章中声称，决策疲劳对我们每个人都产生了严重的影响。在决策疲劳时，我们往往会对同事和亲人发脾气，购买快餐和垃圾食品，而且难以拒绝保险代理人为某些奇异风险投保的提议。

确实，长时间使用"意志力肌肉"的人会削弱自己继续使用它的能力。在实验中，那些克制自己不吃糖果的参与者，后来比他们的朋友更容易屈服于其他诱惑。在一项实验中，参与者被要求让思绪自由驰骋而不去想白熊，那些遵照指示努力克制的参与者后来在购物时很难限制自己只购买限定范围内的产品。那些成功自我约束、放弃早餐小吃的参与者，后来在冰激凌品尝活动中吃得比吃了早餐小吃的同事多得多。

然而，大多数关于意志力的研究迄今为止更多地关注自我克制和自我约束的结果，而较少关注一系列决策所产生的认知负担，在这些决策中，我们必须在两种诱惑或两种不同的行动方案之间做出选择。事实证明，这样的选择比抵制诱惑或延迟满足更加耗费精力，因为一旦心理资源耗尽，我们在各种选择之间进行权衡的能力就会大大降低。权衡是人类独有的过程（自然界并未给捕食者和猎物之间的关系留出太多空间），发生在大脑前部区域，从进化的角度来看，这些区域发育相对较晚。根据在压力状态下最近的"进化习得"功能最先消失的规律，随着自我约束能力的下降，权衡的能力会立即减弱。例如，当我们疯狂购物时，在选择各种产品的过程中比较价格和质量会消耗我们的心理资源，使我们容易受到擅长把握时机推销的销售人员的影响。

蒂尔尼在他的专栏中引用了乔纳森·拉维夫对新车买家进行的一项研究。买家被要求从56种车身颜色、4种换挡旋钮、13种车轮轮辋及25种发动机和变速箱配置中选择适合自己的组合。

他们很快就败给了决策疲劳，选择了默认选项，或者接受了礼貌但有倾向性的销售人员的推荐。销售人员先是提供了特别令人疲劳的选择（如选择车身颜色），加速了疲惫的买家决策能力的消失。在实验中，"新"买家与疲劳的买家所选选项之间的平均价格差异达到了 2000 美元。蒂尔尼认为，穷人的命运在这里也是不幸的。一些并不需要片刻思考的决策对没有足够财力的人来说却意味着痛苦的摇摆不定。在这种情况下，穷人很快就会陷入决策疲劳，从而踏上心理捷径，如因抵抗能力下降以极高的利率贷款。

决策疲劳也是超市通常把糖果放置在收银台附近的主要原因。一旦购物者在一系列漫长的购物决策中耗尽了意志力，他们就不太能够抵御大量碳水化合物的诱惑以恢复体力，就像法官用餐后一样。碳水化合物增强意志力的作用也是节食减肥者陷入困境的关键所在：为了控制饮食，他们需要意志力，但为了增强意志力，他们必须摄入碳水化合物含量高的食物。碳水化合物在增强意志力方面发挥着重要作用，而疾病期间意志力减弱的主要原因是人体的葡萄糖水平下降。下次你想带病上班时，最好记住一项研究发现，即在患普通感冒和轻度流感的状态下开车比在轻度醉酒状态下开车（会被吊销驾照的那种）更危险。如果像开车这样简单的任务都成为问题，那么在工作中处理复杂的任务就更加困难了。葡萄糖水平的急剧下降也发生在月经期间，研究人员指出，这可以解释女性在这种时候意志力减弱且难以抵制诱惑的原因。

如前所述，能够以最佳方式应对决策疲劳的人，是那些能够以节约意志力资源的方式安排日程的人。就像飞行员在起飞和降落时依赖事先准备好的检查清单一样，他们养成了一种习惯，旨在减少日常生活中必须做出的决策数量。我还听说有商人避免在下午四点以后做重要的财务决策，因为他们意识到在一天中的这个时间段，无论是熟练的销售人员还是经验丰富的谈判者，都更容易受到交易另一方论点的影响。

如果我不为自己

论强大的自我中心偏见。

　　在下周五晚上你与朋友聚会时，你可以玩一个有趣的室内游戏。请已婚的朋友估算一下自己对家庭开支的相对贡献，并在纸上写下百分比。将纸条收集起来，然后向每个人展示平均结果。你其实可以一开始就告诉他们结果：平均而言，在场的每个人平均估计自己承担了 60% ～ 70% 的负担。

　　大多数人倾向于高估自己的贡献。当我们被要求评估自己在合作伙伴关系、所在的组织或团队的成就中所做的贡献时，我们倾向于高估自己。行为科学家将这种现象称为"自我中心偏见"（egocentric bias），这种偏见非常强大，以至于即使是研究人员在声称自己对研究的贡献大于合作者时，也不免受其影响。在一项非常有趣的研究中，科学论文的作者们（论文通常由几名研究人员共同撰写，在本研究中有四名）被要求评估自己及他人对他们共同发表的研究所做的贡献。如果将研究人员在撰写论文时归因于自己的贡献率相加，结果会是 140%。这种估计偏见也经常会导致对论文作者排名的争执，根据学术规范，排名反映了他们在研究中的相对贡献。同时，不要被团队比赛中最有价值球员（MVP）自以为是的声明所欺骗。任何看过体育比赛节目的人都知道，比赛结束后，当明星球员接受采访时，他会大方地说："这是整个团队的功劳，每个人都尽了自己最大的努力。"不过，只有在体育记者们将他封为比赛英雄后，他才能如此平静地说出这番话。

自我中心偏见也是冲突难以解决的原因。就像在科学论文上署名一样，不同的人在评估其在家庭、商业或国家争端中的正义性时，会针对不同的事实。我们专注于自己的贡献和对数据的解释，却忽视了他人的贡献或解释，哪怕他们与我们关系密切。这种偏见会导致我们首先以符合我们自身需求的方式评估数据：我们事先决定自己偏好的结果，然后试图通过扭曲公平的标准来证明我们的主观偏好是公平的。换句话说，在争端中，"从自己既得利益的立场出发"来审视情况这一倾向影响了双方对公平妥协本质的认识。

诉诸法庭的纠纷是另一个很好的例子。即使原告和被告掌握完全相同的信息，双方也会以不同的方式在他们的头脑中处理这些信息，以支持自己的立场。被告对支持其利益的细节记得更清楚，对支持原告立场的细节几乎没有记忆，反之亦然。因此，面临审判或仲裁的人经常会高估自己获胜的机会就不难理解了。

一项研究发现，在审判前被问及案件胜诉率的律师中，有 70%
认为自己比对方更占据优势。其中一个原因是，他们倾向于采纳
案件中支持己方立场的细节，忽视不支持己方立场的细节（过度
自信是另一个原因）。

　　美国哈佛商学院的马克斯·巴泽曼（Max Bazerman）和
圣母大学的安·坦布伦塞尔（Ann Tenbrunsel）在 2011 年出版
的《盲点：为什么传统决策会失败，而我们可以怎么做》（*Blind
Spots: Why We Fail to Do What's Right and What to Do about It*）一
书中，调查了限制我们的判断力，从而影响我们的道德行为的各
种原因。自我中心偏见在他们的书中占据了重要位置。两位作者
记录了一项实验，在该实验中，研究人员向参与者（谈判课上的
学生）提供了一起汽车与摩托车相撞的诉讼案件的所有信息。学
生被分成两人一组，一方代表原告，另一方代表被告。每组学生
都被要求通过达成和解来解决诉讼。他们被告知，如果未能达成
和解，当事人的处境会更加糟糕。此外，他们还被告知，如果陷
入僵局，赔偿金额将由一位中立人士决定，该人士已经根据学生
所掌握的相同数据做出了最终决定。在开始谈判前，学生被要求
在完全保密的情况下与研究人员分享他们对法官判决的评估。研
究人员发现，代表原告的学生所估计的法官判决的赔偿金额是代
表被告的学生所估计的两倍以上。但更有趣的发现是，在实验

中，双方的估计差距是解决诉讼的能力的一个很好的预测指标。原告方和被告方的估计差距越小，他们通过达成和解解决诉讼的机会就越大。

自我中心偏见的终极成因是数据的模糊性，因为当数据明确时，我们放任自己贪婪地操纵思维的举动（这自然符合我们的利益）会受到限制。同样，在空气污染、捕鱼权和农产品补贴等国际争端中，各国难以达成适当的国际协议有时也源于这种偏见。在大部分情况下，各方往往根据自身的需要，对何为公平的解决方案采取不同的标准。令人沮丧的是，他们并没有意识到，他们陷入这种境地正是因为自我中心偏见；他们非常确信自己的解释与数据完全吻合。自我中心偏见的影响如此之大，以至于即使是熟悉这一现象的人也能够很容易地看出他人的自我中心偏见，却无法看到自己的这种偏见；这是自我中心解释的又一例证——这次是展示了自我中心偏见本身。

要想减少这种偏见造成的不良影响，行之有效的方法是试着设身处地为对方着想，思考对方的内心所想。他们倾向于关注哪些数据？我们面前的数据难道不也支持他们持有的某些立场吗？他们是否一定能理解我们的观点？我们必须明白，通常对立的一方也同样是正确的，只是他们对数据的解释有所不同，就像我们一样。

承认我们的无知

为什么无能的人认识不到自己的无能？

如果你想知道为什么那些没有幽默感的人还在讲一些并不好笑的笑话，为什么当日交易者继续在每日货币市场上"赌博"（和输钱），为什么那些没有一丝政治头脑的人决心开展一场毫无希望的选战，答案可能已经在风中飘扬。

大卫·邓宁（David Dunning）和贾斯汀·克鲁格（Justin Kruger）于 1999 年在美国康奈尔大学任职时发表的一项研究近年来在网络上重新引起关注，这项研究或许可以解释为什么无能的人认识不到自己的无能。该研究还阐明了我们在评估自己所不知道的事物时面临的根本困难。这种认知偏见被称为"邓宁 - 克鲁格效应"（Dunning-Kruger effect），它隐藏了一个复杂的逻辑回路，需要花点时间才能理解：在某些领域能力有限的人之所以错误地评估自己的能力，原因正与使他们的能力受限的原因相同。换句话说，用于发挥能力的技能也是用于评估能力的技能，无论是评价自己还是评价他人。因此，我们中的无能者肩负着双重负担：他们不仅在某个领域的决策和选择是错误的，他们在该领域的无能也使他们无法注意到这一点。

邓宁和克鲁格进行了四项研究，涵盖了该现象的各个方面。在前两项研究中，研究人员在三个领域进行了一系列测验：逻辑推理、幽默（要求参与者对笑话进行评分，并与专业喜剧演员的评分进行比较）和语法。当参与者被要求评估自己的表现时，结果显示，参与者在测验中得分越低，他们就越倾向于高估自己的表现。也就是说，实际表现与感知表现之间的差距与测验得分成反比。

例如，在逻辑推理测验中位居第 12 个百分位的参与者估计他们的测验分数高于平均水平，并将自己的位置排在所有参与者中第 62 个百分位。在英语语法和幽默测验中得分较低的人也存在类似的评估错误。

非常有能力的人则倾向于低估自己的能力（尽管程度较轻）。研究人员将此归因于以下事实：在缺乏关于他人表现的信息的情况下，有能力的人估计会有其他人的分数与自己相似，因此他们认为他人所具有的能力往往高于其实际拥有的能力。

在第三项研究中，研究人员试图追踪参与者在看到其他人给出的答案后提高自我评估的能力。研究人员将研究中的几位参与者的答案提供给了其他五位参与者，并要求他们评估被调查者的水平。随后研究人员又要求他们回过头重新评估自己的表现。无能的人很难评估他人的水平，也无法提高评估自己表现的能力（有几个人甚至将自己的自我评估修正得更高）。而有能力的人一旦看到他人的答案就迅速修正了对自己能力的评价。哲学家伯特兰·罗素不会对这项研究的结果感到意外，他很久以前就认为，愚人永远无法准确解读聪明人的话语，因为愚人会无意识地将他听到的东西转化为他能够理解的东西。

鸟脑子

有时，鸟比人聪明。

如果你认为"鸟脑子"（birdbrained）是用来形容理解能力仅限于在泥土中寻找草籽的人，那就再想想吧。一项关于灵活思维的研究令人瞠目结舌，该研究让有翼生物与人类进行竞争，结果以人类的惨败告终。

这场比赛围绕解决"蒙提霍尔问题"（Monty Hall Dilemma）而进行，这是一道数学谜题，永不停息地为我们提供我们对自己的局限性的了解，就像一壶 20 多年来尚未耗尽的油。而且，与其说这是一个难以解答的问题，不如说这是一个人们难以接受答案的问题，即使解题方法来自权威，来源可靠。

蒙提霍尔问题，我在以前的书中提到过，是在 20 世纪 90 年代早期蒙提·霍尔（Monty Hall）主持的电视节目《做个交易吧》（*Let's Make a Deal*）上想出来的。下面再简单介绍一下这个问题：节目的选手被要求在三扇门中选择一扇。其中一扇门后面是一辆新车，而另外两扇门后面则是看起来阴郁的山羊。想象一下，你是节目的选手，经过深思熟虑后，你指向你选择的那扇门，希望能赢得汽车。主持人知道汽车在哪里藏着，他打开另外两扇门中的一扇，露出了门后的山羊。现在，他给你一个机会，改变你最初的选择，选择他没有打开的另一扇门。自然而然地，你会问自己，主持人的行动是否有一丝可能改变你所选择的门后面有汽车的概率（在主持人行动之前是三分之一的概率）。如果答案是否定的，那么为什么要改变自己的选择，承受那种"在机场安检时更换队伍，结果因发现原先的队伍移动得更快而后悔"的痛苦呢？

大多数选手往往不会改变自己的选择，他们做出这个决定的原因是，无论如何只剩下两扇门了，而汽车可能在这两扇门后面的概率是相等的，所以为什么要改变选择呢？实际上，你最初选择的那扇门后面出现汽车的概率并没有改变；但你最好利用主持人的提议，选择另一扇门，也就是主持人没有打开的那扇门，因为汽车在那扇门后的概率增加到了三分之二。

谜题的关键在于主持人知道哪扇门后藏有汽车，他永远不会打开那扇门。因此，如果你最初选择的是一扇藏有山羊的门（三分之二的可能性），你应该利用主持人的提议，改变你的选择。如果你选择的是藏有汽车的门（三分之一的可能性），改变策略将使你失去汽车。简而言之，如果你多次面对这个问题，并且每次都改变选择，那么在三分之二的情况下，这种改变将会有所回报，在三分之一的情况下则不会。因此，接受主持人的提议并改变你的选择是正确的决策。

任何人只要看到读者写给刊登此方案的报纸编辑的信，就会理解改变一个人的观点有多困难，以及随之而来的挫败感。事实上，无论在哪里提出这个问题，它都能暴露回答者难以看出另一扇门所体现的概率证明了改变选择是合理的。其中有些人会错误地估计概率相等，因此认为不值得改变选择。最糟糕的是，即使向他们解释了答案，他们仍然会坚持自己的观点，拒绝接受解释如何解决这个难题的信息。

沃尔特·赫布兰森（Walter Herbranson）和朱莉娅·施罗德（Julia Schroeder）是来自美国华盛顿州怀特曼学院的研究人员，他们想知道换门选择困难是人类独有的，还是其他物种也存在的。为此，他们进行了一项实验，测试了六只原鸽（Columba livia）。这些鸽子参加了鸟类版本的游戏，该游戏符合它们的体型，尤其是鸽喙的大小。每只鸽子面前有三个发光的圆圈，它们可以通过啄食圆圈释放谷物混合物。在第一次啄食尝试后，所有的圆圈都会变暗，1 秒后，只有两个圆圈会再次亮起，其中包括鸽子第一次啄食的那个。计算机负责扮演原电视节目的主持人角色，从这两个亮起的圆圈中选择一个来隐藏谷物。研究人员想知道，如果重复进行实验，让第二次改变啄食选择的鸽子获得奖励，是否会让它们一直放弃自己的初始选择。计算机保证在三分之二的情况下，改变初始选择会让鸽子得到它们渴望的食物，就像上文著名的谜题一样。

在试验的第一天，鸽子只在略多于三分之一（36%）的情况下改变了它们的选择。但在接下来的 30 天里，研究人员每天重复进行实验，所有的鸽子几乎每次都改变了自己的选择（96%），赢得了几乎所有可能赢得的食物。它们只是学到了一点，那就是改变选择可以提高获取食物的概率，因此它们几乎每次都会改变自己的选择。

接下来，赫布兰森和施罗德请了 13 名学生来扮演鸽子的角色，参与一个与之前的实验相同的游戏，研究人员在其对参与者的解释中没有提到这一点，参与者要获得的是分数而不是谷物，而且得分越多越好。每名学生有 200 次机会来评估按哪个圆圈可以获得积分。在实验的初期，坚持初始选择的人数与改变选择的人数比例相同。一个月结束时，学生多次重复了选择过程，并多次体验了他们决策的结果，但只有三分之二的人改变了自己的选择。

人类为何在鸽子成功的地方失败了？蒙提霍尔问题中有两种方式可以找到获胜的策略。一种是基于分析的方法，即计算每个决策（是否坚持初始选择或改变选择）成功的概率。另一种是根据重复经验形成策略。研究人员认为，人类更倾向于第一种方式，但往往难以计算概率，特别是在条件概率的情况下（"如果这一事件已经发生过，那么它再次发生的概率是多少"），因此人们在计算中容易被绕进去。相反，鸽子的决策是基于经验的。如果它们在实验过程中发现在三分之二的情况下改变选择是正确的，那么它们将始终改变选择。与鸽子相反，人类容易受到一种被称为"概率匹配"（probability matching）的偏见的影响，如果他们发现在三分之二的情况下改变选择是值得的，那么他们可能只会在三分之二的情况下这样做（而不是遵循正确的做法——每次都改变选择）。

这项研究的一个有趣的推论是，参与者的年龄与他们处理这个问题的能力之间存在关联。结果显示，年龄越小，参与者的表现越好，八年级学生的得分比大学生要高。难道接受教育的代价就是让我们有了偏见，并阻碍我们解决某种逻辑问题？当然，赫布兰森在文章中坚称，即使是著名的数学家保罗·埃尔德什（Paul Erdős）也"拒绝接受同事们基于经典概率对蒙提霍尔问题的恰当解决方案的解释。直到他看到一个简单的蒙特卡洛计算机模拟清楚地证明了改变选择是更优策略后，他才最终被说服。在能够像鸽子一样使用经验概率处理问题之前，他无法接受最优解"。

我看见猴子在演奏莫扎特的乐曲

论都市传说的起源。

> "真相还在穿鞋，谎言早已绕地球半圈。"
>
> ——马克·吐温（Mark Twain）

多年前，在美国芝加哥大学进行的一项实验中，有五只猴子被放置在一个笼子里。笼子中央悬挂着一根香蕉，而在香蕉下方，研究人员放置了一把梯子。没过多久，一只猴子开始朝着香蕉的方向爬去。就在它的脚碰到梯子第一级横杆的瞬间，笼子里的其他猴子都被喷了冷水。过了一会儿，另一只猴子也尝试着爬梯子，研究人员再次对它的同伴喷洒冷水，同样的情况又发生了几次。冷水软管最终被移出笼子，但每当有猴子朝梯子爬去，其他猴子就会阻止它这样做，有时甚至会毫无节制地使用暴力。此时，研究人员将一只猴子从笼子里取出，换上另一只猴子。新猴子立即看到了香蕉，并试图抓取它，但一旦它踏上梯子一步，其他猴子就会攻击它，阻止它继续前进。经过又一次尝试后，这只猴子也明白了，如果它珍视自己的"人身安全"，最好放弃香蕉。接下来，研究人员又换了一只新猴子，过程又重复了一遍——新猴子在尝试抓取香蕉时，刚刚加入群体的猴子也参与了对它的攻击，甚至表现出了一种明显的热情，这种热情通常是那些刚刚皈依宗教信仰的人，或者一心想在刚加入的作战部队中给老兵们留下深刻印象的年轻战士所表现出的。然后，研究人员又换了第三只新猴子。新来的猴子爬向梯子，其他所有猴子都立即对它进行了残酷的惩罚。其中两只猴子，也就是之前换进来的那两只，根本不知道其他猴子为什么阻止它们爬上梯子，更不知道自己为什么要参与攻击新猴子。

在一开始被放置在笼子里的第四只和第五只猴子被替换出来后，笼子里剩下的猴子都没有亲身经历过被冷水喷淋。然而，没有一只猴子试图爬上梯子去取香蕉。

这个有趣的故事是我不久前从一个滑雪教练那里听来的。他试图说服我，就像那些猴子一样，我也养成了一些有害的滑雪习惯，而我从未费心去探究它们的起源。在那一刻，我应该有所顿悟，并采用一种适应现代设备的新的滑雪技术，自多年前我开始滑雪以来，这些设备变得越来越复杂。我更喜欢网上冲浪，在网上搜寻这个故事的研究起源。通过网络搜索，这个故事及其教育意义很快浮出水面。有的版本用梯子，有的版本用楼梯，有的版本里是四只猴子。在一个版本中，猴子开口说话了，挨打的猴子问其他猴子："但是为什么呢？"其他猴子齐声回答："因为我们这里一直都是这样做的。"

上述研究的主要问题在于它从未真正发生过。实际上，1967年，一位加拿大研究人员曾对恒河猴的行为进行过研究。他假设，将一只天真的猴子放入一个笼子，笼子里装有其他已经适应了某些条件反射的猴子，这只猴子可能会接纳这种条件反射，仅此而已。欢迎来到逐渐演变成都市传说的研究部门。我不止一次地向我的读者讲述过这个故事，但都市传说正是这样形成的——一遍又一遍地重复和述说。然而，这就引出了一个问题：当许多更重要的信息甚至无法跨过我们的意识门槛时，是什么让一个都市传说如此吸引人呢？

都市传说经常蕴含着道德寓意，就像笼中猴子的故事一样。它们首先是故事——有背景、有主角、有情节和高潮，还有揭开叙事迷雾的点睛之笔。它们帮助人们自娱自乐，向他人灌输社会价值观和规范，其中有些还反映了许多人共有的恐惧和担忧。都市传说之所以深入人心，是因为它们在我们所有人都关注的文化或经济背景下提供了具有启发性的社会见解。虽然我们很难追溯这些传说的源头，而且有些都市传说的起源是深植于过去的，但是像猴子故事这种据称起源于科学研究的都市传说，与其他传说相比有一个独特的优势：我们可以追踪它们的演变，因为它们的源头是明确且已知的。

西方一个著名的都市传说声称，听古典音乐，尤其是莫扎特（Mozart）的作品，可以提高婴儿的智力。这一观点源于 1993 年的《自然》（*Nature*）杂志发表的一项研究，该研究发现，听了 10 分钟莫扎特奏鸣曲的大学生，在空间智力测验中的成绩提高了 8～10 分。这一研究发现被称为"莫扎特效应"（Mozart effect），并引发了后续研究的热潮，这些研究试图复制最初的研究结果，但结果只是好坏参半。一项综合比较分析对 16 项不同的相关研究进行了评估，得出的结论是，整体效应微乎其微。尽管莫扎特效应未能达到科学标准，它还是受到了公众的广泛欢迎。在无数关于教育，特别是关于培养婴儿技能的公开辩论中，都有人引用这项研究（请不要忘记，原始研究的参与者是大学生）。在这股热潮最盛的时候，美国佐治亚州通过了一项法案，承诺向新生儿的母亲发放古典音乐 CD。佛罗里达州则通过了一项法案，要求由州政府资助的日托机构每天播放古典音乐。商店陈列相应的书和 CD，公众对这一现象的知晓率达到了 80%。这一现象也传播到了海外，成为世界上最成功的都市传说之一。

不幸的是，对大多数都市传说追根溯源并不像追踪表面上基于科学研究的传说那样容易。都市传说爱好者的官网自称是网络

上关于这类传说、民间故事、神话、谣言和误导性信息最全面的
参考来源。你可以按类别(不少于 43 个)浏览该网站,也可以
直接跳转到排行榜上 25 个最热门的故事。例如,在犯罪类别中,
你可以找到这样一个故事:一位雪茄烟民为几百支雪茄购买了火
灾保险。在抽完所有雪茄后,他向保险公司索赔,理由是雪茄都
被烧光了。保险公司拒绝赔偿,该男子将保险公司告上法庭。法
官命令保险公司赔偿投保人,但他收到钱后,保险公司立即要求
法庭因纵火行为逮捕他。根据该网站的说法,这个故事产生于
20 世纪 60 年代中期,并被证实是毫无根据的。

　　该网站勤奋的编辑为网民奉上了成百上千个传说,分析它们
的起源,并断言它们是真实的、虚构的,或者,在很多情况下,
有一丝真实性。其中一则故事讲的是一位来自美国加利福尼亚州
的司机,他收到了一张超速罚单,并附有他超速行驶时被摄像头
拍下的照片,以及缴纳 40 美元罚款的命令(这是 20 世纪 60 年
代的事)。愤怒的司机将罚单连同两张 20 美元钞票(需支付的罚
款)的照片一起寄了回去。一周后,他收到了警方的回信,打开
信后,他发现了一张手铐的照片。排名网站 TopTenz 列出了赢得
最多粉丝的十大神话与都市传说。从"如果晚上把牙齿放在可乐
里,到早上牙齿就会化掉"的说法开始,到"鳄鱼被放进城市的
下水道系统"的恐怖故事,最后是"偷肾"的传说,这个传说甚

至被写进了电影。"偷肾"的传说可能起源于 1997 年，当时网上开始流传一封信，警告人们一种新的犯罪开始出现。大多数版本讲述的是，一名旅行商人在酒吧结识了一位陌生人，这位陌生人主动与他聊天，并邀请他一起喝酒。很快，这名商人意识变得模糊，醒来时发现自己在一个陌生的旅馆房间里，通常是在装满冰块的浴缸里。旁边留有一张字条，建议他拨打急救电话，当急救人员赶到时，他们发现商人是一个诈骗团伙的受害者，被人麻醉后偷走了一个肾，准备在黑市上贩卖。这个故事是虚构的，美国一个健康组织要求因肾脏被盗而受到伤害的人与该组织联系，但并未接到任何电话。

1981 年，扬·哈罗德·布鲁范德（Jan Harold Brunvand）的《消失的搭车客：美国都市传说及其意义》（*The Vanishing Hitchhiker: American Urban Legends and Their Meanings*）一书出版，引发了公众对都市传说的广泛关注。布鲁范德在书中指出，都市传说和民间故事并非仅限于原始社会，对它们进行分析可以让我们对其创作者的文化背景有所了解。都市传说的特点之一是缺乏具体的地点、时间、当事人姓名和类似的识别信息。许多都市传说偏爱恐怖、犯罪、有毒食物或其他可能造成大范围影响的情节。根据布鲁范德的说法，所有感觉受到故事威胁的人都会急于警告其关心的人，这样故事就被"插上了翅膀"，得到了传播。

与神话一样，都市传说之所以能被人们津津乐道，是因为它们强化了公众先前持有的世界观，并有助于理解那些看似复杂难懂的事件。研究人员还意识到，都市传说能帮助我们应对内心压抑的恐惧。从其他国家走私来的狗被发现其实是发育过度的老鼠的故事，反映了人们对非法移民的恐惧；十几岁男孩误食蛇蛋的故事，反映了人们对导致胃部感染的物质的恐惧；新娘在婚礼前几天发现未婚夫与自己的姐姐有染后取消婚礼的故事，反映了人们对不忠的恐惧。通过这些故事，我们应该能够在一定程度上控制自己的恐惧，并警告他人防范这些恐惧。

各种社会心理学理论试图解释思想传播的方式，以及思想能够在人们心中占据一席之地的原因。其中大多数理论认为，传播思想满足了个人或社会的真正需求，从而实现了社会功能。举例来说，将科学研究的结果用通俗易懂的方式表达，有助于不擅长阅读研究结果的普通大众应对这些威胁。至于谣言，它们在人群中传播是对不确定性和焦虑的一种反应。一项研究甚至发现，在参与者身上，焦虑倾向和谣言传播倾向之间存在相关性。阴谋论——与谣言相似——基于这样一种观念：在重大的社会、政治或经济事件背后，隐藏着一个不为公众所知的秘密计划。这个计划由有权有势、有影响力的邪恶分子执行，以达到邪恶的目的。这些故事以各自的方式解释复杂的世界，并通过将其划分为正义和邪恶，大大简化了世界的复杂性。

尤其值得注意的是，有一种理论认为这种现象源于进化过程。1976 年，著名进化生物学家和作家理查德·道金斯（Richard Dawkins）出版了一本书《自私的基因》（The Selfish Gene）。在书中，他首次提出了一种可能性，即文化信仰（cultural baggage），尤其是思想，就像基因或病毒一样，通过被他称为"模因"（memes）的信息单位传播。轮子的发明、婚戒或一条抓人眼球的"八卦"——都是以这种方式传播的文化信息单位。要使一个模因传播，需要几个能赋予它"黏力"（stickyness）的特征。例如，陈旧的笑话没有黏力，待第一个讲述者讲完，它就悲惨地消失了。简单地说，有黏力的思想是出人意料的、具体的、可信的、有故事性的、有感染力的。奇普·希恩（Chip Heath）和丹·希思（Dan Heath）在 2007 年出版的《创意黏力学：为什么有些创意幸存而有些创意消亡》（Made to Stick: Why Some Ideas Survive and Others Die）一书中分析了两者的区别性特征。

奇普·希思及其同事在 2001 年进行并发表了一项研究，主要关注模因的传播是否涉及一个受强烈情感影响的选择过程，最好是那些能够引发许多人共鸣的情感。一个模因引发的情感反应越强烈，它被记住、被传播，并在与其他模因的竞争中获胜的机会就越大。都市传说就是一种模因，希思及其同事试着用都市传说来验证自己的理论。他们用了这样一个故事：某人从瓶子中喝水，然后发现瓶底有一只死老鼠。他们编造了三个版本的故事，这三个版本只在引发厌恶情绪的程度上有所不同。在"轻微厌恶"版本中，此人在将瓶子送到嘴边之前就注意到了老鼠的尸体，而在"严重厌恶"版本中，嗯，你应该能想象得到。研究人员在尝试确定哪些想法更容易传播时，发现参与者更倾向于传递引发最强烈厌恶情绪的故事版本。他们还进行了一项补充研究，比较了各种都市传说网站，统计了网站发布的传说中出现的不同主题的相对频率。结果也表明，能够幸存下来的模因不一定是那些忠于事实的模因，而是那些能够引发强烈情感反应的模因。厌恶是这些故事中的一个主要主题，正如日本流行的一则都市传说所反映的那样。

"Aka Manto"（日语中的"红色斗篷"）是一种喜欢在厕所里显形的鬼魂，一般出现在女厕所的最后一个马桶里。当倒霉的受害者坐在马桶上时，就会听到一个神秘的声音问她喜欢红纸还是蓝纸。如果她说红纸，她将被残暴且血腥地（红色）杀害。如果她说蓝纸，她将被勒死（脸会变成蓝色）。如果她想要任何别的颜色，立刻就会有一双手把她拖进地狱的烈焰中。拯救自己的唯一方法就是什么都不要。我在想，这是不是在以都市传说的方式警告我们，消费文化正在以无数种方式吞噬着我们，而唯一的生存之道就是不为自己索取任何东西。

维多利亚湖与"阿尔伯特叔叔"

诚实的人是否可能被欺骗？

"朋友，你与阿尔伯特·布拉克是亲戚吗？就是那名去年在大西洋上坠机的飞行员。"图蒂·维斯库（Tuti Wisku）博士在电子邮件中询问我。维斯库介绍道，他是这名不幸的飞行员的遗嘱执行人，正在四处寻找继承人。然而，迄今为止他的努力都石沉大海，如果我确实是阿尔伯特的亲戚——正如这名来自尼日利亚首都阿布贾的专职律师希望的那样——那么我有望成为已故飞行员积蓄和事业成果的唯一继承人，获得一大笔横财。电子邮件中附有坠机事件的报纸报道的复印件，尽管其中并没有提到我那久未蒙面的"亲戚阿尔伯特"。我对这种天上掉馅饼的承诺一笑置之。假如我有过一位阿尔伯特叔叔，他早就在犹太人大屠杀中被杀害了。"得了吧，"我自言自语道，"下次想个更好的主意。"

我的想法很快得到了回应。几天后，我又收到了一封电子邮件。这一次，尼日利亚中央银行的总出纳本·吉菲（Ben Gifi）向我提供了 4560 万美元。他写道，因为我在一个政府项目上所做的工作，我有合法权利获得这笔钱。不幸的是，由于银行发生了令人尴尬的计算机故障，这笔钱一直没办法支付成功。我需要做的就是把我的个人信息发过去，国际银行清算系统会处理剩余事宜。正如你猜测的那样，这两封电子邮件都是全球广泛传播的"尼日利亚骗局"或"419骗局"的一部分（后者援引尼日利亚法律第419条，该条法律是针对这种现象提出的）。

这些诈骗邮件的基本结构大同小异。收件人不认识发件人，却被告知有机会获得巨额财富——这要归功于好运、收件人的信誉卓越，或者无意的错误。在另一个版本中，收件人被要求帮助一位已故统治者的继承人取回存放在当地银行的资金，并被承诺将获得一大笔遗产作为回报。这些邮件还有许许多多变体，只受到发件人创意的限制。

近年来最流行的骗局是"尼日利亚骗局"的升级版，被称为"西班牙囚犯"。收件人会收到通知，称其亲戚或熟人在外国遇到麻烦，钱包被偷或丢失，急需现金。与其他邮件骗局不同的是，这封电子邮件是从熟人的电子邮件账号发送的，该账号已被诈骗犯侵入，这增加了求助的真实性。（在最初的版本中，发件人因身份被弄错而被捕，并索要保释金。）在一个更有创意的骗局中，收信人会收到一张来自"顾客"的支票，金额远远超过从收信人处购买的产品或服务的价值。由于这个"错误"，寄信人会要求收信人退还多出的金额。因为国际支票清算流程相对较长，受骗者在发现这张"超额"支票是假支票之前，很可能已经向骗子支付了钱款。另一个非常常见的网络骗局是祝贺收信人中了彩票，尽管这位中奖者根本不记得自己买过彩票。

回应这类诈骗邮件的人会发现，在收到巨额财富之前，他们被要求完成各种步骤，包括向善良的海外合作伙伴转账。在每个阶段结束后，他们只需要再汇出一笔钱，金额不大，用以解决最后的法律问题。最后，即使是最容易上当受骗的人也会意识到自己成了诈骗的受害者，支付了骗子虚构的费用。

大多数人认为尼日利亚骗局只能诱骗少数没有受过教育、不谙世事的人。但事实上，这些诈骗邮件的受害者范围很广，其中许多人都是聪明人，受过高等教育，见多识广。企业高管、政府高层官员和许多其他精明强干的人也会成为受害者。重要的问题一直是：起初他们为什么要回应这个邀约呢？

人类自进化之初就倾向于欺骗他人。早在远古时代，人类就发展出了欺骗的能力，以及——分辨欺骗的能力。在史前时代，原始工具只能生产较少的食物，骗取更多食物份额的能力就显得非常重要。而辨别试图钻制度空子的人也至关重要。如前所述，当我们说谎时，大脑会感觉不适，并通过一些手势和肢体语言来表达这种不适，但主要还是通过语言来表达：说谎者往往喜欢描述很多细节，避免使用第一人称和表达情感的词语。

当我们看不见对话者、听不见他们的声音时，我们分辨欺骗的能力是否也降低了？还是说，骗子通过迎合那些同样重要的基本需求，成功地破坏了我们辨别欺骗的微妙机制？毕竟，欺骗的大部分迹象都摆在眼前了：邮件地址不是个人地址；承诺的回报数额大到离谱，我们实际上甚至不知道有谁中过这样的大奖。那么，发送这些诱人消息的人是如何成功地战胜我们不断发展的怀疑心的呢？回应邀约的人和懒得理会的人又有什么区别呢？

现代工作中的大量公文往来似乎会使我们分辨欺骗的原始本能变得迟钝。事实证明，与口头传达的消息相比，人们更倾向于相信自己收到的书面信息。这可能是因为官方机构和服务供应商向我们发送了大量的书面信息，这强化了我们的认知，即发件人是正规守信的机构。此外，事实证明，我们所有人都对权威很敏感。的确，尼日利亚骗局背后的骗子常常扮作律师、银行家、政府高层官员等权威身份。当信息以普通信件的方式发送时，信函通常会印在官方信纸上，信封上装饰着所有相关的权威标志，醒目地标着"官方信件"。

每封信都呼唤收信人回应，起初也不要求汇款。收信人对最初信件的回应，预示着他们会继续按要求行动并回复接下来的信件，而后面的来信就会提出钱财方面的要求。畅销书《影响力》

（*Influence*）的作者、美国心理学家罗伯特·西奥迪尼（Robert Cialdini）提供了一个行为解释。他指出，人们往往重视自己行为和他人行为的一致性。一致性给人以控制感，增强人们了解世界甚至预见未来事件的信心。每位投资者都很熟悉这种倾向：仅仅为了保持一致性，投资者就愿意继续向失败的投资中投入更多资金。

对骗局受害者的研究表明，他们中的许多人之所以会回复这些信件，是因为他们高估了自己对信件中讨论的领域的理解，高估了自己识破骗局并与对手抗衡的能力。令人惊讶的是，从事投资工作的人更容易成为这种骗局的受害者。在西方国家，有些欺诈信故意用蹩脚的英语书写，目的是让收信人产生虚假的优越感，增强他们的过度自信。

"从穷困潦倒到一夜暴富"的神话原型讲述了某人得到突如其来的意外之财的故事，而欺诈信乘上了这些神话原型的东风。几乎所有文化中都存在这样的故事。然而，驱使人们忽视欺诈信中的示警信号的主要是贪婪和对轻松赚钱的渴望，而相对于所需付出的微薄代价，巨额回报又进一步强化了人们的贪婪。2009年，英国公平交易办公室对英国众多骗局感到担忧，因此委托一所大学心理学院的研究人员对此进行了全面研究。研究人员的创新之处在于，他们假设人们对骗局的回应并不是异常现象，而是判断上的错误——这种错误是我们在日常生活中做出的许多经济决策的特征。

处理所有理性决策所需的相关信息，对我们的大脑来说是不可能的，因而它尝试走捷径，上述错误正是这种行为的必然结果。这些必要的捷径允许情感动机渗入并影响决策过程，包括贪婪、寻求刺激，有时还包括缺乏自控等冲动。寄信人正是利用这些因素来阻止收信人搜集信息以支持或反对他们即将做出的决策。

研究人员认为，受害者决定回信是认知过程和情感过程相结合的结果。一方面，认知过程会对该邀约的权威性和官方语气做出反应；认知过程还可能将此视为包含合理风险的长期赌注。另一方面，邀约的措辞针对情绪系统，范围包括贪婪、追求即时满足和寻求刺激的需求。

研究人员向一组收信人发送了 1 万封模拟信件，这些信件分别用 8 种不同的措辞写就，以确定其相对有效性。这部分研究中最重要的发现是，无论措辞和其他因素如何，预测回复可能性的最佳指标都是收信人是否回复过类似的信件。倾向于回复这种邀约的其中 10% ~ 20% 的人并不一定是糟糕的决策者，但他们显然更容易受影响、被说服。研究人员称，他们中的一些人在情绪调控和自律方面存在问题。这种问题在很大程度上导致人们偏好即时回报，这是导致判断错误的最常见的偏见之一。因此，社交孤立的人特别容易被骗，因为社会关系会增强人们的自我控制。研究人员还非常惊讶地发现，许多受骗者不愿意告诉别人他们收到的邀约，好像担心别人会指出他们的大脑已经隐隐有所意识的错误。

　　互联网为尼日利亚骗局的肆意横行提供了终极平台。互联网也为我们理解这一骗局的"商业模式"奠定了基础。这种模式不一定是基于高利润（受害者为支付"费用"而预付的几千美元），而是基于互联网可以实现免费通信这一事实。（顺便提一句，据估计，这些邮件的回复率估计为千分之一到千分之二。）互联网技术在成功的骗局中起到了另外的作用：研究显示，骗子与潜在受害者之间的距离确保了前者不会被突如其来的同理心所困扰，而这种同理心阻碍了许多面对面实施的欺骗行为。

　　由于许多骗局建立在受害者本人愿意欺骗当局或冒用假想继承人的身份的基础上，因此问题出现了：骗子和被骗的人有相似的性格特征吗？ 1940 年首次出版的《大骗局》（*The Big Con*）一书的作者大卫·毛雷尔（David Maurer）对此深信不疑："你无法欺骗一个诚实的人。"

我指控，但诬告

通往正义之路由欺骗性证据铺就。

1988 年 1 月，一名年轻女子在下车的那一刻遭到袭击。袭击者持枪抢劫了她，逼迫她脱掉衣服并实施了强奸。受害者在两组照片中指认了特洛伊·韦布（Troy Webb），导致他在 1989 年被判强奸、绑架和抢劫罪。第一次指认时，受害者指向韦布的照片，但表示韦布看起来太老了。在第二组照片中，警方使用了特洛伊·韦布四年前的照片，以确认受害者对他的指认。但对精液痕迹进行的检测并没有得到确定的结果。

在审判期间和之后，特洛伊·韦布一直坚称自己是清白的。1996 年，他终于获得了生物证据，DNA 检测证明他并不是袭击者。同年，他被释放出狱，后来因其清白得到了美国弗吉尼亚州州长的特赦。

《无辜者》（*The Innocents*）是一本令人不寒而栗的摄影和访谈集，作者是美国摄影师泰伦·西蒙（Taryn Simon），该书于 2003 年出版。书中记录了包括特洛伊·韦布在内的 50 个人的肖像和故事，这 50 个人被判定犯有严重罪行，在监狱中度过了漫长的岁月，但最终证明了自己的清白并获释。西蒙的作品是对无情的法律制度、司法疏忽和在某些情况下真实的腐败的悲哀评论。书中介绍的前囚犯们无缘无故地在监狱中共服刑 558 年，平均每个人超过 10 年。他们中的一些人曾是死囚，大多数人之前没有犯罪记录。

书中大多数被错误定罪的人的命运是由照片决定的，这些照片不太专业，甚至经常模糊不清——这些照片导致他们被警方匆忙定罪，基于在急于结案的警探的催促下证人对照片的指认。西蒙试图恢复相机的公正性，她将被误判的人带到犯罪现场——他们从未去过的地方，在那里，他们的命运被裁定，他们的生活被永远改变。或者，她将他们带回犯罪发生时他们实际所在的地方，抑或他们被捕的现场。访谈反映了那些在监狱中浪费了大部分生命的人的痛苦，同时揭示了摄影媒介在法律程序中的作用——这种媒介有局限性，有时还会被误用。

可疑的侧写

近年来，在犯罪现场采集的新 DNA 数据（有时是在判决多年后采集的新证据），使得美国 340 多名男女被无罪释放。这些人曾被判犯有重罪，但事实上他们从未作恶。在约 75% 的案件中，错误定罪的原因是某个关键证人在警方的嫌疑人照片或队列中指认了错误的犯罪嫌疑人。但是，西蒙作为摄影师，是否过分强调了某些嫌疑人照片的质量低劣，而完全忽视了可能导致错误定罪的各种人为偏见呢？

美国心理科学协会的《观察家》（*Observer*）杂志的编辑埃里克·沃戈（Eric Wargo）在 2011 年 11 月刊上给出了这一问题的答案。在一篇题为"从实验室到法庭"的文章中，沃戈讨论了这类偏见对司法系统的影响，以及行为科学家为减少错误、恢复系统荣誉做出的努力。

根据沃戈的说法，首次使用心理侧写来帮助缩小搜索罪犯的范围，是针对 19 世纪末在英国伦敦街头制造恐慌的开膛手杰克（Jack the Ripper）的残忍行为的。在对其中一名受害者进行尸检后，警方的病理学家托马斯·邦德（Thomas Bond）得出结论，凶手是"一位沉默寡言、衣着考究、身着披风、性欲亢进、性格孤僻的中年人，他不懂解剖学，因此不是医生或屠夫"。

然而，鉴于维多利亚时期伦敦的流行时尚，这种描述对抓捕凶手并无太大帮助，凶手的身份至今仍然是个谜。警方探案人员又等了一个世纪，才等到罪犯侧写技术被投入使用。20 世纪 80 年代末，英国哈德斯菲尔德大学的心理学家大卫·坎特（David Canter）为探案人员侦破一系列谋杀案提供了重要的帮助。这名被称为"铁路强奸犯"的凶手对独自在深夜等车的年轻女性实施了强奸，并将她们勒死。

沃戈引用坎特的话解释道："大多数对个性和个体差异感兴趣的心理学家都会研究人的特征，以预测他们在各种生活情境下的行为方式。探案人员的任务则恰恰相反，而且要艰巨得多，即利用某人的行为证据来构建他的个人特征。"使用坎特的犯罪心理侧写技术，警方能够将搜索范围缩小到"20多岁的熟练工或半熟练工，周末工作，朋友很少；对武术、剑和刀感兴趣；身材矮小，自感缺乏吸引力；住所在其第一次作案地点附近"。这一描述与其中一名犯罪嫌疑人的特征完全吻合，当警方在该犯罪嫌疑人的住所发现犯罪证据后，该犯罪嫌疑人被定罪并（因7项罪名）被判处无期徒刑。

目击证人

侧写可以指导警方探案人员的工作，但定罪几乎总是基于目击证人的证据。事实上，目击证人对裁决的重要影响，在1974—1999年引发了不少于2000项旨在评估目击证人可信度的研究。在其中一项研究中，研究者在大学校园内制造了一起对教职人员的袭击，有141名目击者目睹了该事件。然而，这些人对袭击者的外貌、体重、衣着和其他相关方面的描述大相径庭。

研究人员评估了目击证人对事件描述的准确性，评分范围为

1～100分，而且目击证人的平均得分只有25分（最常见的错误是高估了袭击的持续时间）。在类似的研究中，一名歹徒抢走了一只钱包。在52名目击证人中，只有7名目击证人在嫌疑人视频中正确指认了歹徒。10名目击证人未能在视频中识别任何犯罪嫌疑人，而35名目击证人则指认了无辜的人——这种错误率是任何司法体系都无法容忍的。记忆力和视觉感知能力是成为目击证人的关键，然而许多研究已经证明了它们在压力条件下的局限性，事实上，在几乎所有条件下都是如此。

美国加利福尼亚大学的心理学家伊丽莎白·洛夫特斯（Elizabeth Loftus）经常在刑事诉讼中作为专家证人出庭。在法庭上，她向陪审团解释了她的科学研究结果，其中包括引导性问题对记忆扭曲的影响。在她早期的一项研究中，她向参与者展示了一段车祸视频。随后，有些参与者被问道："汽车在撞到墙上时大约有多快？"他们估计的平均速度是每小时65千米。其他参与者被问及同样的问题，但措辞更为"温和"："汽车在碰到墙壁时大约有多快？"他们估计的平均速度仅为每小时55千米。在另一项研究中，洛夫特斯发现，犯罪现场出现武器会降低目击证人证词的准确性，因为他们的注意力被威胁性武器分散了。

2014年进行的一项研究表明，我们都倾向于相信有罪的记忆。朱莉娅·肖（Julia Shaw）和斯蒂芬·波特（Stephen

Porter）在对学生的一系列访谈中运用了"植入记忆"（planting memories）技术，包括描述真实和虚构的童年事件，让学生相信自己曾经有过盗窃或袭击等犯罪行为。最终，大多数学生（70%）详细描述了实际上从未发生过的犯罪事件，包括描述他们与警察的遭遇。

我们在电影中经常看到的警方的列队指认程序，依然是刑侦过程中的核心工具。然而，许多研究表明，这种方法很容易造成指认错误，特别是由于假设"罪犯是嫌疑人队列中的某个人"的逻辑缺陷。这种假设不一定成立，因为主要犯罪嫌疑人可能是无辜的。当目击证人看到嫌疑人列队时，如果他们不能立即指认罪犯，但又觉得自己有义务指认其中一人，那么他们就会开始将犯罪嫌疑人与自己模糊的记忆进行匹配。

沃戈认为，在这一阶段，即使是警方探案人员发出的无意识信号，也会引导目击证人指向某个特定的犯罪嫌疑人，而目击证人确信是自己的记忆在引导他们的选择。事实证明，如果让嫌疑人队列中的每个人都单独出现，即逐个展示，那么目击证人就能更准确地指认犯罪嫌疑人（从一组照片中选择犯罪嫌疑人时也是如此）。如果无法并排比较犯罪嫌疑人，目击证人就不会那么强烈地感觉必须选择其中一人。而且，如果指导嫌疑人列队指认的探案人员不熟悉调查档案，目击证人指认的准确性也会提高。

认罪

错误指认是导致无辜者入狱的主要原因，而虚假供词是第二大常见原因。索尔·卡辛（Saul Kassin）及其合作研究者发现，在后来被 DNA 证据推翻的错误定罪中，有 15% ～ 20% 是因为出现了虚假供词。犯罪嫌疑人这样做可能出于各种奇怪的原因——例如，为了保护真正的罪犯，甚至是为了出名。然而，沃戈解释道，主要原因还是在于传统的审讯方法，即假定犯罪嫌疑人有罪。

在这种指控性审讯中，犯罪嫌疑人被孤立起来，以加剧他们的焦虑，然后审讯人员会向他们出示证据（有时是捏造的证据），将他们与犯罪联系起来。如果犯罪嫌疑人否认自己有罪，审讯人员完全不会相信，如果犯罪嫌疑人坚称自己是清白的，就会被警告将产生严重后果。在这一阶段，审讯人员有时会"软化态度"，为了赢得犯罪嫌疑人的信任，审讯人员会承认受害者是罪有应得，或者提出其他理由来为犯罪开脱。这样做的目的是让犯罪嫌疑人在认罪的同时还能保住面子。

沃戈总结道："无辜的犯罪嫌疑人最终可能会招供以摆脱当下的压力，甚至在某些情况下因为向他们出示的'证据'开始怀疑自己的清白……有些犯罪嫌疑人，如精神障碍患者，尤其脆弱。"

毋庸置疑，在审讯过程中，如果能够明确识别谎言将大有裨益。众所周知，心率变化、出汗增多、血压波动和皮肤电反应都是说谎的迹象，但说真话的人在审讯过程中也会感受到压力，因此这些迹象并不能构成确凿的证据。

任何有经验的探案人员都会证实，说谎者往往很健谈，但会避免使用表达情感的词语，也不以第一人称讲话。如果每个故事都有开头、中间和结尾，那么说谎者会直接跳到中间部分。含糊其词者的肢体动作（坐立不安或耸肩）、语调和语速容易发生微妙的变化。唾液的实验室检测也能发现皮质醇浓度的增加，这是一种与情绪压力有关的激素。但所有这些迹象都不足以明确判定犯罪嫌疑人有罪，尤其是在他们的身边有经验丰富的律师的情况下。

一种识别说谎者的有效方法是研究人员所谓的"认知负荷"（cognitive load）。其基本假设是，由于将大量心理资源用于跟踪自己所讲的真假故事之间的差异，说谎者的认知能力会减弱。这些分散的资源用于防止身体出现明显的迹象，并避免故事本身的前后矛盾。研究人员认为，在审讯期间增加一项认知任务会使犯罪嫌疑人更难承受这种"负荷"，导致虚假信息的"金字塔"坍塌，从而使犯罪嫌疑人招供。

其中一种技巧是要求犯罪嫌疑人倒叙故事，从结尾讲到开头。这对说真话的人来说相对容易，但对说谎者来说，他们对所编造的事件没有内在记忆，因此这个要求对他们来说会产生真正的认知负荷。另一种技巧是，研究人员要求犯罪嫌疑人对故事中的环境进行非常详细的描述，甚至要求他们画出来。在这一环节，说谎者提供的细节会很少。

专家意见

《制造杀人犯》(*Making a Murderer*)是有史以来最成功的系列纪录片之一。该片描述了对史蒂文·艾弗里(Steven Avery)谋杀案的审判，以及导致他悲惨命运的人性弱点——尤其是警察、检察官、法官和陪审员的过度自信。片中的辩护律师称，警方为了确保定罪而伪造证据(钥匙和血迹)，法医调查员也出现了偏见，他们操纵调查结果，使之与他们全心全意相信的检方的说法相吻合。

英国伦敦大学学院的认知心理学家伊蒂尔·德罗尔(Itiel Dror)专注于研究法医科学家。在一项研究中，他向五位专家展示了一系列指纹，并告诉他们这些指纹取自布兰登·梅菲尔德(Brandon Mayfield)，一名被错误地指控参与了马德里恐怖袭击的美国律师。这些专家被要求评估联邦调查局(FBI)分析的准确性，FBI的分析结论称，梅菲尔德的指纹与事件现场采集到的指纹不符。

但德罗尔误导了专家。他们每个人收到的指纹都是自己以前调查过的案件中犯罪嫌疑人的指纹，在这些案件中，他们发现犯罪嫌疑人的指纹与在犯罪现场采集到的指纹相吻合。在听说梅菲尔德被无罪释放后，五位专家（他们确信自己检查的是梅菲尔德的指纹）中有四位得出结论，指纹与在犯罪现场采集到的指纹没有足够的相似性，无法确定梅菲尔德的罪犯身份。后来，德罗尔告诉专家，犯罪嫌疑人已经认罪，结果三分之二的专家改变了之前的评估。

在另一项有趣的研究中，布兰登·加勒特（Brandon Garrett）记录了 150 多起错误判决，并发现在 61% 的案件中，法医专家代表检方作证的分析都是无效的。这些案件中的大多数从一开始就包含不太可靠的证据，如毛发样本，尽管有 17% 的案件进行了 DNA 采样。

这种本应彰显正义之光的脆弱程序，未来是否会继续困扰法院系统乃至整个社会呢？

如果我们回过头来问埃里克·沃戈，就会知道他认为答案在脑科学家那里。他们现在已经知道，不同类型的谎言会触发大脑的不同区域——与即兴谎言不同，经过计划和排练的谎言会激活大脑中与记忆相关的区域。反应时间也可能是谎言的标志——与视觉刺激有关的谎言激活大脑相关区域的速度比真相快 200 毫秒。迄今为止，美国法院拒绝接受基于脑成像的证据，但也许用不了多久，成像设备不仅能确定谁在谎报事实，还能确定在刑事案件中以暂时的精神错乱为借口的人的可信度。

插画师: 小丸子

第三篇

一切都井然有序

人生清单

待办清单的魔力。

从待办清单中，我们可以了解哪些关于撰写者的信息？方方面面，因为这是我们许多人将宏伟梦想分解为一系列现实任务的最常见手段。只要把清单遗忘在送去洗衣店的衬衫口袋里，你就会意识到待办清单已经成为你身份的一部分。

我们的待办清单就像世俗版的个人祈祷文，是我们告诉世界和自己，我们想要什么及其优先次序的方式。待办清单没有叙事线。整理放袜子的抽屉和写一本诗集可能会在清单上相继出现。而且许多清单制定者都知道，把任务写在纸上这一行为本身就有一种魔力，能提高任务真正完成的概率——即使有时长久地盯着清单是获得这种魔力的先决条件。我们都知道，偷看别人的邮箱或手机通讯录，满足自己的好奇心后，我们会产生愧疚感。阅读别人的待办清单也有类似的效果。它们展现了撰写者内心深处的自我，揭示了其真实的个性与其试图展示出来的更完美的自己之间的差异。阅读别人的待办清单是一种低成本的窥私行为，就像

133

看真人秀节目一样。我们有时可能会怀疑自己是否正常，而阅读其他人的任务清单能让我们平静下来。我们发现，其他人的生活也充满了挑战。

制定待办清单通常分为几个阶段。初始阶段充满了希望和微妙的情绪，让我们和白纸面对面。在这一阶段，即使清单还没有完全写就，但思考未来的任务会让我们充满目的感，自豪感也油然而生。然后就是一个令人愉快的阶段，想起要做的任务，想到未来仍有无限可能，我们会感到轻微的兴奋。

最后，那些已经为完成所有任务制定了严格时间表的人，会体验到真正的满足感，而这些任务中的大多数从一开始就是无法完成的。如果我们接受美国艺术家查尔斯·格林·肖（Charles Green Shaw）的说法，就不会有什么问题："真正的幸福不在于我们实际完成了什么，而在于我们认为自己完成了什么。"

不过我们也得承认：在完成一项任务后，把它从清单上划掉，确实会产生一种令人兴奋的感觉，近乎狂喜。心理学家认为，清单强迫症患者试图给自己制造一种对生活的控制感，如果没有这些清单，他们就会认为生活过于混乱。他们无意识地担心，如果不继续制定清单，他们的世界就会失控。当你列出一份清单时，你会更容易发现哪些任务更重要；即使是需要做很多工作的任务，当它被缩减成页面上的一行时，也会突然显得更容易完成。在美国进行的一项调查发现，42% 的人都会制定此类清单。然而，问题仍然存在：这些清单是能帮助我们更好地工作，还是只会助长拖延的不良习惯？毕竟人们并不会因为清单上没有就不去做某项工作。

如果你停下制定清单的动作，抬首四望，你会发现我们生活的整个世界都是由清单组成的：从人类文明最伟大的文化资产，一直到平凡的事物，如购物清单或旅行行李清单、餐厅菜单、遗嘱、谷歌搜索结果。

埃科的清单

两年前，意大利作家翁贝托·埃科（Umberto Eco）[《玫瑰的名字》（*The Name of the Rose*）和《福科摆》（*Foucault's Pendulum*）的作者] 在巴黎卢浮宫策划了一场完全由清单构成的展览。"无尽的清单"构成了一次艺术、文学和音乐之旅，灵感来源于数字对埃科的魔力，同样也来源于这位作家在世界最著名的博物馆内进行的详尽研究。

在接受《明镜周刊》（*Der Spiegel weekly*）采访时，埃科解释道，文化的诞生源于"人类让无限变得可理解"这一需求。他说，我们用清单、目录、博物馆藏品、词典和百科全书来试图把握那些无法捉摸的事物。埃科表示，每一份清单背后，都隐藏着为某些事物找到精准表达的困难。如果有人问他，他可能会说，逐一列举大屠杀中丧生者的名字，是试图将不可想象的事物锚定在可想象的事物上。

埃科说，诗人荷马（Homer）是他整个展览的灵感来源。在《伊利亚特》（*The Iliad*）中，当这位古代诗人试图描绘希腊军队令人生畏的规模时，他首先借助森林大火的意象，将其比作战士武器的闪光。然而，当这个意象还不能让荷马满意地表达壮观的场面时，他便超越了描述性表达的局限，用一长串指挥官的名字、他们的生平经历及他们出战的船只数量来表达。这份名单长达 350 行。

清单代表着高等文化和先进文明，因为它们使我们能够审视用于描述我们世界的基本定义。埃科断言，文化史上充满了各种清单：圣徒、军队或药用植物清单、珍宝或图书清单，等等。展览的其中一个部分被俏皮地命名为 "Mille e Tre"（意为 "一千零三"），这是传说中唐·璜（Don Juan）试图在西班牙追求的女性的总数。埃科认为，清单对我们的吸引力源于我们对生命有限性的意识。这使得我们热爱那些我们认为没有界限或终点的事物，从而分散我们对不可避免的死亡的注意力。"我们喜欢清单，因为我们不想死，"他说。

埃科策划的展览并不是唯一一个关于这个主题的展览。在此之后，华盛顿史密森尼博物馆也举办了一场展览，通过他们保存的清单，揭示了一些世界上最著名艺术家的强迫性和控制欲。这些清单包括了灵感、指示、抱负、传记细节、画作、任务和颜色等内容。毕加索（Picasso）亲笔写的一份清单上拟定了1913 年军械库艺术博览会（Armory Show）的参展名单，这是美国首届国际现代艺术展。从这份清单上看，毕加索不知道如何正确拼写他那个时代最伟大的艺术家之一马塞尔·杜尚（Marcel Duchamp）的名字。另一份清单来自 1961 年，由伟大的芬兰建筑师和设计师埃罗·沙里宁（Eero Saarinen）撰写，上面列出了挪威首都奥斯陆一个大型建筑项目的任务。在他制定清单的一周后，他被确诊患有脑瘤，几天后就去世了——这提醒我们，很难有人能够完成自己清单上的所有任务。

人们用"清单强迫症"来形容这种强迫性的列清单的冲动，而互联网是满足这种欲望的终极工具。在互联网上，你可以找到的清单多到你无法想象。互联网正在改变我们获取和使用信息的方式。每个页面上的文字更少，图片更多，当然，清单也更多。在许多清单网站上，你还可以影响相关条目的排名。

网络奇迹

用于创建和管理清单的工具是免费提供的。List Producer 网站就是其中之一，该网站旨在激励潜在的清单制作者，并帮助他们变得更加高效和有条理。该网站由艾美奖得主、福克斯新闻制作人保拉·里佐（Paula Rizzo）于 2011 年 4 月创办，她将自己的成就归功于她对制定清单的强烈欲望。她相信，列出利弊清单可以决定任何关系的命运。

listography 网站帮助用户创建清单并与他人分享，还设有为清单提供可能主题的应用程序。该网站的创始人丽萨·诺拉（Lisa Nola）表示，当时她决定在母亲因癌症去世前，将写给母亲的清单发布到网上，那时她萌生了创办网站的想法。她说，她发布这些个人清单是因为需要与他人分享她的痛苦，也希望得到阅读清单的人的安慰。社交网站的出现让我们对我们认识（或自认为认识）的人的日常生活产生了兴趣——只要我们觉得他们也对我们感兴趣。listography 和类似的网站正是在这种自恋的推动下发展起来的。似乎除非别人了解我们的生活，否则我们的生活就没有意义，因此我们动不动就在社交软件上随意发布描述自己的清单。

美国第一份畅销书榜单于 1895 年刊登在《读书人》（The Bookman）杂志上，从那时起，我们对榜单的渴求就不曾停止：罗纳德·里根（Ronald Reagan）最重要的 20 句名言；最离奇的 15 个巧合；女性用来回避性行为的 10 个最常见借口；有朝一日

必买的 8 样最贵的东西；关系破裂的 5 个最常见原因；以及观察
吸蜜鸟的 3 种方法。

　　一大批服务器支持排行榜网站的活动，这些排行榜列出了
你离开这个世界之前绝对要看、要读或要体验的前 100、前 50
或仅前 10 件事情——例如，与海豚一起游泳、留胡子并保持一
个月、写遗嘱（多么合乎逻辑）、骑比马还大的动物、参加奥运
会、与真正改变了一个国家命运的人握手，或者拍摄一种濒危动
物（除了可以永久保存的照片，这也会提醒你生命的脆弱）。基
本上，这些都是需要付出某种真正体力的经历，是对未知领域的
探索，是与不寻常生物的邂逅，迫使我们直面内心隐藏的恐惧。
一个特别诱人的想法是"给自己找一个敌人"——这是一种通俗
的说法，意指你对某个特定主题表现出如此的执着，以至于最终
招致某人的敌对。但最令人吃惊的其实是网上所有清单的相似
性，仿佛我们所有的梦想和愿望都是由同一家工厂设计出来的。

　　在 Ranker 网站上，你可以找到成千上万份榜单，其中最受
欢迎的是人物和电影榜单。该网站拥有 3325 份关于名人的榜单，
136 份关于死亡的榜单（例如，自杀名人的遗言），以及至少 16
份关于吸血鬼的榜单（例如，满足吸血鬼愿望并成为吸血鬼的
5 个理由，其中主要优点是永生，主要缺点是必须放弃垃圾食品
并开始食用血液）。在这个世界上，对我们周围的现象进行测量

已经成为定义这些现象的重要工具，我们已经被给事物排序的榜单所奴役；如果某事无法进行排序，它似乎就不存在。但是，这种不断测量世界"脉搏"的行为似乎让我们错过了某些重要的真理。或者说，我们之所以忙于将所有事物按照某种顺序排列，是因为我们不想面对这些真相？

值得关注的清单

Lists of Note 网站提供了托马斯·爱迪生（Thomas Edison）、希区柯克（Hitchcock）、亨利·米勒（Henry Miller）和马克·吐温等著名人物制定的清单。其中一份是导演斯坦利·库布里克（Stanley Kubrick）对可能的电影片名的构想："寻找剧本的电影片名"。其中一个片名"如果元首知道"（If the Fuhrer Only Knew）源自 20 世纪 30 年代德国的一种常见表达，显然是在有人犯错或出了差错时使用的。而马克·吐温的清单是为了帮助一位绅士，他想救助一栋起火房屋的租户，但不确定应该按什么顺序救人，也不知道应该先帮助谁。该清单列出了 26 种不同的人和家具，按重要性排序。排在第一位的是未婚妻，其次是一些女士（救助者对她们怀有某种感情，尽管他尚未向她们表白），而排在最后的是消防员、家具和岳母。

在 Lists of Note 网站上，你还可以找到爱迪生和其他人为

"留声机"这一发明提出的其他数十个名称（留声机是一种可以记录并回放声音的设备）。其中包括宇宙音（cosmophone）、旋律图（melodagraph）和时间音（chronophone）。网站上阅读量最高的清单源自 1933 年，作家 F. 斯科特·菲茨杰拉德（F. Scott Fitzgerald）在写给 11 岁的女儿斯科蒂（Scottie）的一封信中列出了这份清单。在信中，他列出了需要关心的事情（勇气、清洁、效率、骑术），不需要关心的事情（流行观点、玩偶、过去、未来、胜利、蚊子、父母、男孩、失望和快乐），以及需要思考的事情（我一生的真正目标是什么）。

1927 年，美国电影制片人和发行人协会（Association of American Movie Producers and Distributors）公布了一份清单，列出了未来电影中应该绝对避免的 11 个主题（包括分娩场景、贬低神职人员、跨种族性行为等）。它还列出了 25 个需要谨慎描述的主题（包括对肖像和国旗的使用、手术和对罪犯的同情）。1838 年 7 月，在与表姐艾玛·韦奇伍德（Emma Wedgwood）结婚前 6 个月，查尔斯·达尔文（Charles Darwin）列出了一份婚姻利弊清单。最终，优点胜出，这对夫妇一直保持着婚姻关系，直到达尔文于 1882 年去世。结婚的理由有哪些？生儿育女（"如果上天保佑"）、得到固定伴侣、有人照顾家庭，以及享受音乐和谈话的魅力，尽管这样做会浪费时间。达尔文很难想象自己会像工蜂一样辛勤劳作，独自度过一生。不结婚的理由包括：失去自由，不能想去哪儿就去哪儿，不得不放弃在俱乐部和聪明人交谈，需要拜访亲戚，失去时间，晚上读书的机会减少，日常开支会影响自己购买图书的数量。

诗人也注意到了清单的作用，正如维斯瓦娃·辛波斯卡（Wisława Szymborska）的一首美妙诗歌的节选所反映的那样（见下文）。

一份清单（节选）

我列出了一份问题清单，

而我已不再期待答案，

因为要么为时过早，

要么我无暇理解。

问题清单很长，

上面有许多大事小情，

但我不想让你感到无聊，

只愿透露其中几个。

站在巨人的肩膀上

榜单是另一层次的秩序。

比起普通列表，人们更喜欢排行榜。在一个被信息淹没的世界里，排名代表了在名字、事件和应该购买的产品的狂轰滥炸中建立一些秩序的一点点机会。报纸编辑热衷于排行榜，并以此来提高发行量。资本市场的参与者也乐于在一份基金经理业绩排名榜单上名列前茅。

美国石溪大学的计算机科学教授兼数据科学实验室主任史蒂文·斯基纳（Steven Skiena）就是一位榜单爱好者。斯基纳通过大规模文本分析来确定人、地点和各种事物之间的定量关系。他的同事查尔斯·沃德（Charles Ward）是谷歌排名小组的工程师，专门从事文本定量分析。沃德还是一位天才钢琴家，也是历史题材的策略游戏的忠实玩家。两人相识于沃德在斯基纳实验室担任开发人员的时候，从那一刻起，他们不可避免地要创建一份终极榜单——人类历史上最有影响力人物排行榜。

他们编制这份榜单的重要创新之处在于，他们初步假定历史人物的行为就像"模因"（见"我看见猴子在演奏莫扎特的乐曲"）。鉴于思想和基因的传播方式是相同的，因此，要想理解各种思想是如何在我们的生活中占据一席之地的，我们只需想象一下那些携带着文化或心理负荷而非遗传负荷（即模因）的"基因"，它们能够像携带着生物负荷的基因一样，在自然选择（这里指文化环境而非自然环境）和变异中成功地存活下来。沃德和斯基纳以青少年偶像贾斯汀·比伯（Justin Bieber）的模因为例，"每当有人阅读他的维基百科页面，或者他因为某些表演或'八卦'成为新闻时，模因就会复制"。这个模因将持续占据主导地位，直到它在未来的生存竞争中输给某个新的流行歌手的模因，失去"环境生态位"。

研究人员的方法解释了为什么某些人物在生前并不出名，但在死后多年在人类意识中赢得一席之地，也解释了生前被认为是重要人物的人是如何被更强大的类似的模因所取代，并消失于历史的舞台的。

那么，如何确定艾萨克·牛顿（Isaac Newton）和贾斯汀·比伯谁更重要呢？是否有可能建立一个共同的基准，来评估生活在如此不同时代的两位人物的历史影响？

沃德和斯基纳并非历史学家，他们承认无法通过历史人物的成就和对人类的贡献来评估其真正的重要性。在他们认为合理的替代方案中，他们运用自己的数据分析能力，运行复杂的统计算法，提炼出了数百万网民的观点，这些观点反映在当今网民搜索信息的方式上。这项分析的基本假设是，维基百科上的词条记录了过去的英雄一生的工作，故而维基百科提供了反映这些英雄的重要性的显著统计证据。

　　两位研究人员分析了维基百科上 80 多万名男性和女性的词条，采用了与谷歌在进行排名时所用的相同原则。他们还假设，在这个互联网百科全书中，最重要的人物会有更长的词条，当今的名人会有更多的页面访问量，尽管很明显，他们中的大多数在几代人之后会被人遗忘。

　　研究人员将被遗忘的速度称为"声名的半衰期"（借用科学界的术语，"半衰期"指一个量减少到其初始值一半所需的时间）。沃德和斯基纳开发的算法计算了所有因素，得出了每个人的历史重要性排名。这是一项非常有趣的研究，研究结果发表在他们于 2013 年出版的《谁更伟大：历史人物的真正排名》（*Who's Bigger: Where Historical Figures Really Rank*）一书中。

　　作者在对其排名方法的详细描述中承认，他们在统计方面面临的主要挑战有两个：一是区分名气和重要性；二是创建一个从历史角度评估当前名人名气的指数。

　　他们对结果进行分析后发现，该方法确实产生了一份没有过分重视当代人物的榜单：贾斯汀·比伯排在第 8633 位，就连奥巴马总统（President Obama）也没有进入前 100 名（位列第 111 位）。而艾萨克·牛顿爵士在这份榜单上排名第 21 位，令人肃然起敬。

沃德和斯基纳从榜单的平淡无奇中得到了极大的鼓舞。在他们看来，榜单上的名字是可以预测的，这保证了其真实性。前 100 名中有四分之一是重要的哲学家或宗教人士，8 位是科学家或发明家，13 位是文学巨匠，3 位是世界上最伟大的艺术家。

沃德和斯基纳将这份榜单与人类专家编制的两份榜单进行比较后，进一步发现了这份榜单的质量，人类专家编制的两份榜单分别为迈克尔·哈特（Michael Hart）在其著作《100人：历史上最有影响力人物排行榜》（*The 100: A Ranking of the Most Influential Persons in History*）中列出的榜单，以及《时代》（*Time*）杂志上发表的"千年十杰"（Millennium Top Ten）。沃德和斯基纳编制的榜单与这两份较早的榜单的相关性均高于这两份榜单之间的相关性。对维基百科作为资料来源的权威性有所怀疑的人将会很高兴地得知，《自然》杂志发现，维基百科的"严重错误"率与著名的《大英百科全书》（*Encyclopedia Britannica*）相似。

名列榜首的是许多公认的领袖人物，包括总统和探险家。事实证明,科学家和发明家的声誉超过了政治家和文化英雄。榜单中女性的比例很低:前 50 名中只有两位女性,前 100 名中也总共只有三位女性。这些榜单还存在文化偏见,因为它们依赖于英文版的维基百科,所以自然会强调西方历史上的英雄人物。

在编制总榜单的同时,研究人员还创建了许多子榜单,包括画家(完全由文艺复兴时期的画家占据)、运动员、教皇和法官。在西方 100 位最重要的作家排名中,也只有两位女性——简·奥斯汀(Jane Austen)(第 11 位)和艾米莉·狄金森(Emily Dickinson)(第 21 位)。在美国作家和文学评论家丹尼尔·伯特(Daniel Burt)根据不同标准编制的类似榜单中,有 39 位作家同样榜上有名。沃德和斯基纳也认为这是对他们量化排名方法的重要肯定。

以下是排名前十的作家(以及他们在总榜中的排名)。

1. 莎士比亚(总榜第 4 位)

2. 查尔斯·狄更斯(Charles Dickens)(总榜第 33 位)

3. 马克·吐温(总榜第 53 位)

4. 埃德加·爱伦·坡(Edgar Allan Poe)(总榜第 54 位)

5. 伏尔泰(Voltaire)(总榜第 64 位)

6. 奥斯卡·王尔德(Oscar Wilde)(总榜第 77 位)

7. 歌德（Goethe）（总榜第 88 位）

8. 但丁·阿利吉耶里（Dante Alighieri）（总榜第 96 位）

9. 刘易斯·卡罗尔（Lewis Carroll）（总榜第 118 位）

10. 亨利·大卫·梭罗（Henry David Thoreau）（总榜第 131 位）

唯一进入 50 位西方最杰出作家排行榜的当代作家是斯蒂芬·金（Stephen King），排名第 20 位。

各国爱国者对于自己民族的英雄没有出现在 100 位最重要历史人物榜单上表示失望，沃德和斯基纳对此感到很有趣。那些因自己的同胞在人类历史上的地位并不显赫而感到失望的人，其实忽略了这份榜单带来的最重要的一课：人类文化是如此丰富多彩，足以让我们学会谦逊。

展望：前路茫茫

人类对亏耗、惩罚和悲伤的回忆天生敏感。这种消极偏见是有用的，还是需要克服的？

　　我有一个好消息和一个坏消息。你想先听哪个？如果是坏消息，那你就有伴了——大多数人都会选这个。但为什么呢？

　　消极事件比积极事件对我们的影响更大。我们对它们的记忆更加深刻，它们在塑造我们的生活方面发挥着更大的作用。别离、事故、不良的教育方式、经济损失，甚至是一句随意的嘲讽，都会占据我们的大部分心灵空间，几乎没有空间留给赞美或愉快的经历，以帮助我们跋涉在人生的艰难之路上。人类惊人的适应能力确保了由加薪带来的喜悦会在几个月内消退，只留下未来加薪的基准。我们能感受到痛苦，却感受不到无痛苦。

　　全球范围内数百项科学研究证实了我们的消极偏见：好日子的影响不会持续到第二天，而坏日子的影响却会持续下去。我们处理负面数据的速度比正面数据更快、更彻底，它们对我们的影响也更持久。在社交方面，我们对努力避免坏名声而不是建

149

立好名声投入更多。在情绪方面，比起体验积极情绪，我们会花费更多努力来避免消极情绪。悲观主义者往往能比乐观主义者更准确地评估自己的健康状况。在这个政治正确的时代，负面言论会显得更加突出。人们——甚至只有 6 个月大的婴儿——很快就能在人群中辨识一张愤怒的脸，却很难找出一张快乐的脸；事实上，无论我们在人群中看到多少笑容，我们总是会先注意到愤怒的脸。

美国加利福尼亚大学伯克利分校至善科学中心的高级研究员、神经心理学家里克·汉森（Rick Hanson）指出，我们识别面部情绪的机制位于一个名为杏仁核的脑区，它反映了我们的整体天性：杏仁核中三分之二的神经元专门用于处理消极信息，它们会立刻做出反应，并将这些消极信息存储在我们的长时记忆中。这就是导致"战或逃"（fight or flight）反应的原因，该反应是一种利用记忆快速评估威胁的生存本能。相比之下，积极信息需要整整 12 秒才能从短时记忆转移到长时记忆中。对我们的祖先来说，跳起来避开每根看起来像蛇的棍子，要好于仔细检查后再决定该怎么行动。

我们的消极倾向在口语中也有所体现，几乎三分之二的英语词汇都表达了事物的消极面。在描述人的词汇中，这一比例上升到了惊人的 74%。英语并非孤例。除了荷兰语，所有其他语言都存在消极倾向。

我们对消极情绪是如此熟悉，以至于它甚至渗透到了我们的梦中。已故美国心理学家卡尔文·霍尔（Calvin Hall）在 40 多年间分析了成千上万个梦境，发现最常见的情绪是焦虑；消极情绪（如梦见令人尴尬的场面、错过航班或受到暴力威胁时产生的情绪）比积极情绪更常见。1988 年的一项研究发现，在当时的发达国家居民中，美国男性梦到攻击行为的比例最高，达到 50%，而对荷兰男性来说，这一比例只有 32%，显然荷兰男性是非常积极的群体。

美国普林斯顿大学的心理学家丹尼尔·卡尼曼是最早探索人类消极倾向的研究者之一。1983 年，卡尼曼和他的长期研究伙伴阿莫斯·特沃斯基创造了"损失厌恶"（loss aversion）一词来描述他们的发现，即人类对丧失的哀悼多于对获益的享受。失去金钱后的沮丧总是大于获得相同金额的金钱后的快乐。

现任美国佛罗里达州立大学教授的心理学家罗伊·鲍迈斯特对这一概念进行了扩展。他在 2001 年写道："几个世纪以来，文学作品和宗教思想都以善恶力量之间的斗争来描绘人类生活。在形而上学层面，邪恶是创造与和谐的敌人。在个人层面，诱惑和破坏性本能与追求美德、利他和自我实现征战不休。'好'和'坏'是儿童（甚至家养宠物）最先学会的词语和概念。"在查阅了数百篇已发表的论文后，鲍迈斯特及其团队报告称，卡尼曼的发现延伸到了生活的各个领域，包括爱情、工作、家庭、学习、社交网络，等等。他们在其开创性的同名论文中宣称："坏比好更强大。"

紧随鲍迈斯特的论文之后，美国宾夕法尼亚大学的心理学家保罗·罗辛（Paul Rozin）和爱德华·罗伊兹曼（Edward Royzman）引用了"消极偏见"（negativity bias）一词来反映他们的发现，即消极事件尤其具有传染性。两位研究人员在 2001 年的一篇论文中举例说，在与蟑螂短暂接触后，"美味佳肴就变得无法食用了"。"相反的现象——让自己喜欢的食物与盘子里的一堆蟑螂接触，好让蟑螂变得可食用——是闻所未闻的。更谨慎地说，想一想你不爱吃的食物：青豆、鱼或其他。你能在食物上触摸什么，让它变得好吃呢——也就是说，什么能对抗蟑螂？没有！"他们认为，当涉及消极事物时，只需要极少的接触就能传递其消极本质。

在所有认知偏见中，消极偏见可能对我们的生活影响最大。然而，时代变了。我们不再在大草原上漫游，不再时刻受制于大自然的严酷惩罚，也不再过着四处奔波的生活。在我们进化的过程中，本能一直在保护着我们，而现在，它却常常成为一种拖累，威胁着我们的亲密关系，破坏着我们工作团队的稳定。

美国华盛顿大学的心理学家约翰·戈特曼（John Gottman）是一位研究婚姻稳定性的专家，他向我们展示了人的阴暗面是多么具有破坏性。1992 年，戈特曼发现了一个预测离婚的公式，只需与一对新婚夫妇相处 15 分钟，预测离婚的准确率就能超过90%。他会在这段时间内评估伴侣之间积极和消极表情的比例，包括手势和肢体语言。戈特曼后来报告称，要想使夫妻关系维持下去，夫妻双方需要一个"魔法比例"，即至少五个积极评价对一个消极评价。因此，如果你刚因为某件家务事唠叨完伴侣，一定要尽快表扬他五次。在最终离婚的夫妻中，这一比例为三个积极评价对四个消极评价。而对令人嫉妒的和谐夫妻来说，这一比例约为 20 ： 1——这对夫妻关系来说是件好事，但对需要诚实的帮助以"闯荡江湖"的伴侣来说，可能就没有那么大的帮助了。

其他研究人员将这些发现应用到了商业领域。例如，智利心理学家马西亚尔·洛萨达（Marcial Losada）研究了一家大型信息处理公司的 60 支管理团队。在效率最高的团队中，员工每被批评一次，就会受到六次表扬。而在业绩特别差的团队中，消极评价几乎是积极评价的三倍。

洛萨达与美国北卡罗来纳大学教堂山分校的心理学家芭芭拉·弗雷德里克森（Barbara Fredrickson）根据复杂的数学原理，

设计出了备受争议的"关键正向比例"（critical positivity ratio），旨在提供 3 ：1 到 6 ：1 的完美公式。换句话说，研究人员称，听到表扬的频率是听到批评的 3 ～ 6 倍，就能维持员工的满意度、爱情上的成功，以及其他大多数衡量繁荣和幸福生活的指标。这篇论文的标题是"积极情感与人类幸福的复杂动力"（Positive Affect and the Complex Dynamics of Human Flourishing），于 2005 年发表在备受推崇的《美国心理学家》（*American Psychologist*）杂志上。

实现关键正向比例很快成为积极心理学开发的工具包的一个重要组成部分。积极心理学是心理学的一个分支学科，其研究重点是提升幸福感和复原力等积极指标，而不是治疗消极因素，如精神障碍。然而，这个比例引发了反对的声音，首先是英国东伦敦大学的心理学硕士研究生尼古拉斯·布朗（Nicholas Brown），他认为这个数学公式是无稽之谈。布朗找到了美国纽约大学和英国伦敦大学的数学家艾伦·索卡尔（Alan Sokal），让其帮助他在一篇题为"异想天开的复杂动力：关键正向比例"（The Complex Dynamics of Wishful Thinking: The Critical Positivity Ratio，2013）的论文中拆解这个公式。上述弗雷德里克森与洛萨达合作发表的论文后来被部分撤回，弗雷德里克森也全面否认了这项研究。

归根结底，我们头脑中的消极偏见可能没有办法消除。如果我们无法通过赞美、肯定、魔法公式等方式来超越这种消极偏见，那么也许是时候接受它赋予我们的优势了——尤其是看清现实的能力，从而调整方向，求得生存。事实上，研究表明，抑郁的人可能更悲伤，但也更有智慧，正如塞缪尔·泰勒·柯勒律治（Samuel Taylor Coleridge）所言。这种"抑郁现实主义"（depressive realism）让忧郁的人对现实有更准确的认识，尤其是在评估自己在世界上的位置和影响事件的能力方面。

　　说到解决世界舞台上的冲突，消极偏见必定是其中的一部分。国际争端不会仅仅通过积极思维来解决，还需要大量的现实主义。归根结底，我们需要两种视角来帮助我们共享资源、和平谈判及和睦相处。美国内布拉斯加大学林肯分校的政治学家约翰·希宾（John Hibbing）领导的研究小组于 2017 年 6 月发表在《行为与脑科学》（Behavioral and Brain Sciences）杂志上的一篇文章指出，保守派和自由派之间的差异可以在某种程度上通过他们对环境中消极因素的心理和生理反应来解释。作者称，与自由派相比，"保守派倾向于对消极刺激做出更强的生理反应，并为此投入更多的心理资源"。这或许可以解释为什么传统和稳定的支持者常常与改革的支持者相对立，为什么两者之间的拉锯战——中间立场——常常是我们最终的归宿。

　　2013 年 11 月，丹尼尔·卡尼曼用希伯来语接受了新以色列基金会（New Israel Fund）的采访，以纪念国际人权日。在采访中，他谈到了消极偏见可能对巴以和谈产生的影响。他声称，这种偏见鼓励鹰派观点（通常强调风险或即时损失），而不是鸽派建议（强调未来获益的机会）。他认为，最好的领导者会提出一个愿景，即"未来收益"足以弥补冒险追求和平所带来的风险——但在分歧的双方，如果没有魔法公式，消极因素总会占上风。

冰冷的手还是温暖的心

给形成我们对他人看法的特征排序。

　　我们如何形成对某个陌生人的看法？如果幸运的话，对方所说的某些话会为我们提供一个起点。否则，这个人的面部特征、肢体语言及我们的偏见会结合起来，共同帮助我们快速形成印象。心理学家在 20 世纪 40 年代初开始研究的一个问题是：一个人留给别人的印象是由多个人格特征决定的，还是可以追溯到一个突出的特征，这个特征比其他特征更能塑造我们对这个人的印象。

　　所罗门·阿希（Solomon Asch，1907—1996）是社会心理学的先驱之一，他在 1946 年进行了一系列经典实验，试图确定人们是如何形成对他人的看法的。在一项实验中，阿希向两组参与者分发了性格特征列表。第一组收到的某个人的特征列表是：聪明、灵巧、勤劳、热情、果断、务实和谨慎。第二组收到了同样的列表，但有一点不同——这个人被描述为"冷漠"而不是"热情"的。参与者被要求根据列表上的特征，简要描述他们对此人的总体印象。

阿希发现，调换"热情"和"冷漠"这两个词对参与者产生了决定性的影响。第一组参与者对此人的印象要好得多。

阿希还向参与者提供了包含其他相反个人特征的列表，如可靠/不可靠、坚定/不稳定等，并试图评估它们如何影响印象的形成。他发现，当加入"热情"或"冷漠"的字眼时，许多其他特征的重要性会突然发生变化。参与者认为性格"热情"的人慷慨、快乐、富有想象力、幽默，甚至长得好看。虽然"热情"和"冷漠"会产生巨大的影响，但其他相反的特征，如"礼貌"和"直率"，对印象的形成没有任何影响。

在40年后进行的另一项著名实验中，一位"客座教授"出现在240名学生面前，这些学生事先收到了这位教授的详细情况介绍。在讲座前，其中一半学生收到的信息页中将客座教授描述为一个"热情"的人，而另一半学生收到的信息页中将客座教授描述为性格"冷漠"。课后，学生被问及对客座教授的看法。与第二组学生的描述相比，第一组学生认为客座教授授课更有效、更和蔼可亲、不那么暴躁、更幽默、不那么拘谨，总之更有人情味。不用说，所有参与者都参加了同一场讲座。早期实验已经发现，在由被描述为"热情"的人主持的讨论中，学生的参与率（56%）高于由"冷漠"的人主持的讨论（32%）。

自阿希以来，许多行为科学家一直在努力破解人类的奥秘，即我们究竟是如何形成对他人的看法的，也许更重要的是，他人是如何决定对我们的看法的。一项具有里程碑意义的研究发现，形成我们对他人看法的两个主要特征是热情和能力。如果我们在评价他人时专注于这两个方面，那么我们就会对热情、能干的人感到钦佩；对热情、无能的人感到同情；对冷漠、能干的人感到羡慕；对冷漠、无能的人感到鄙视。

杰弗里·古德温（Geoffrey Goodwin）及其宾夕法尼亚大学的同事在《人格与社会心理学杂志》（*Journal of Personality and Social Psychology*）（2014 年 1 月）上发表的一篇文章中重新审视了印象形成的问题，并提出对道德品质的感知是首要因素，比对温暖的感知影响更大。在其中一项研究中，研究人员将目光投向了实验室之外的现实世界：他们研究了讣告，以了解报纸编辑如何悼念逝者，以及讣告中的信息如何影响不认识逝者的读者的观点。至少 1289 人参与了这项实验。他们被要求阅读《纽约时报》在 2009—2012 年刊登的 250 篇讣告，并对这些讣告做出回应，这些讣告刊登在纪念知名人士或对社会做出突出贡献的人的专栏中。不知是由于社会歧视还是其他原因，这 250 位杰出人士中有 193 位男性，只有 57 位女性。这份名单具有广泛的种族和民族多样性，因为只有那些在生前获得一定程度的国家或国际认可的人才能进入讣告名单。

研究人员之所以选择讣告专栏，是因为其内容相对丰富，包括对逝者性格的大量描述（相较于付费死亡通知）。250 位知名人士的讣告通常引用朋友和家人的叙述，囊括了有关逝者的社会生活、成就、爱好等方面的情况。平均而言，每篇讣告约有 1500 字。

两名研究助理受雇对讣告中的信息进行编码，但他们未被告知此项研究的目的。他们阅读了每篇讣告，并从 1 ～ 9 对讣告中描述的人的能力（或无能）、道德（或不道德）和社交热情（或冷漠）程度进行了评分，同时还给出了他们对该已故知名人士的总体印象。

在实验的下一阶段，每位参与者都会得到三篇讣告供阅读。特别长的讣告——如史蒂夫·乔布斯（Steve Jobs）的讣告——以及其他十几篇讣告（参与者可能已对该逝者形成看法），都被从名单中删除了。每篇讣告平均由 16 位参与者进行评分。

从这时起，计算机接管了工作，用先进的统计工具进行编程，分析这些回答中的各种相关性。研究结果证实了一个假设，即讣告主要强调的是逝者的道德品质，而不是他们的热情和社交能力。然而，更重要的是，讣告给参与者留下的总体印象与讣告中描述的道德特征的相关性要高于这种总体印象与逝者的社交热情程度的相关性。

　　谨慎的研究人员再次对数据进行了分析，以抵消讣告本身的影响，即讣告自身包含了更多关于逝者道德方面的信息，而不是关于其热情和社交能力的信息。结果依然不变，而且与阿希等人的研究结果背道而驰——至少在我们如何形成对逝者的看法方面是这样。不仅讣告作者更重视描述道德品质，而非热情和善于交际，读者对逝者的总体看法也主要基于他们的道德品质，而不是他们生前表现出的温暖人心的个性。

　　那么，我们究竟是如何决定自己对他人的看法的（他人又是如何形成对我们的看法的）？也许这两种观点都是正确的：当我们与某人面对面时，热情是形成印象的决定性因素；而当我们在报纸上读到关于某人的报道时，其道德品质则变成了决定性因素。

我见过快乐的保守派

区分自由派和保守派的心理动力学机制是什么？

"一盎司代数胜过一吨口头争论"，工程师兼数学家约翰·梅纳德·史密斯（John Maynard Smith）常常引用博物学家和进化生物学家 J. B. S. 霍尔丹（J. B. S. Haldane）的这句话。他也亲身践行着这个观点。20 世纪 60 年代，史密斯曾经试图用数学工具来回答一个困扰动物行为生物学家的问题：我们如何解释那些喜欢退让、避免与其他动物发生冲突的动物的"庄重、近乎骑士般"的行为？

史密斯选择从博弈论的角度来阐述这个问题：假设某个自然物种的两个亚种在争夺相同的资源，如食物。其中一个亚种——史密斯在越南战争期间称之为"老鹰"（hawk）——选择了一种好战的策略，即在每次接触时，首先表现出攻击的迹象，然后进行一场斗争，在这场斗争中，它要么取得胜利，要么受到致命的伤害。另一个亚种，史密斯称之为"鸽子"（dove），选择的是避免冲突的策略。

在游戏中，首次接触时，鸽子确实会表现出攻击性，但如果对手决定与它对抗，它就会逃到安全的地方。如果老鹰遇到了鸽子，老鹰就会赢得所有的食物。如果老鹰遇到的是另一只老鹰，它有一半的概率会赢。如果鸽子遇到了老鹰，即使没有受伤，它也会逃走，什么也得不到。如果鸽子遇到的是另一只鸽子，它们会共享食物。在这个游戏中，两个亚种相遇的频率根据它们的种群数量决定。

史密斯的重要贡献在于，他认识到，确保物种间进化稳定性的策略，也确保了每个物种的生存。史密斯还成功地计算出了老鹰和鸽子数量之间的平衡点，该平衡点确保了博弈中所有参与者的收益（食物）和损失（受伤和浪费的时间）之间的完美平衡。即使对博弈论一无所知的人也能明白，如果没有鸽子，老鹰就会自相残杀；如果没有老鹰，鸽子的数量就会增加，直到没有足够的食物供所有鸽子食用。为了鸟类种群的整体利益，老鹰和鸽子必须并存。

保守的遗传学和自由的心理学

鹰派和鸽派在政治思想上与民主本身一样历史悠久。从雅典和斯巴达时代到当今几乎所有国家的主要政党，历史上都有关于这一基本政治模式的记载。在公开讨论政治观点的文化中，关于传统与创新、进步与稳定或"我们与他们"的争论一直存在，并将继续存在。引发战争、让家庭节日聚餐陷入糟糕境地的常见原因，就是保守派与自由派、鹰派与鸽派，或者左派与右派之间古老的意识形态之争——这些只是两大阵营的一些常见名称。然而，为什么有些人采纳自由主义世界观，而有些人选择保守主义世界观，这个问题仍然悬而未决。

保守派与自由派有许多不同之处，从艺术品位到秩序性（保守派下班后会把桌子收拾得干干净净）。自由派可能更乐观，但保守派似乎更快乐、更少神经质。脑科学家告诉我们，保守派和自由派在进行风险决策时使用的是大脑的不同区域，而且自由派大脑中的灰质数量更多。即使我们愿意相信自己的意识形态立场是在理性评估事实和他人意见的过程中形成的，但越来越多的研究证明我们错了。

政治与遗传学看似互不相干，但在这个已经破解了人类基因组秘密的科学时代，试图将两者联系起来是自然而然的事情。回顾一下这个相对年轻的科学领域的发展历程，我们就会发现，第一项里程碑式的研究出现在 1974 年，当时正在进行一项实验，目的是将同卵双胞胎在死刑、失业、工会和堕胎等问题上的立场的相似性与共同的遗传基础联系起来。

30 年后，约翰·阿尔福德（John Alford）带领的科学团队宣称，美国政治意识形态的差异至少有 43% 可归因于遗传因素。科学家承认，并不存在直接导致政治立场形成的单一基因，但他们断言，遗传学通过影响形成这些观点的认知和情感过程，对政治立场产生间接影响。心理学家和统计学家都对该研究结果持保留态度，并对双胞胎研究的可靠性表示怀疑，而双胞胎研究是遗传学研究的常用工具。批评者称，周遭环境对待同卵双胞胎和异卵双胞胎（非同卵双胞胎）的方式截然不同，异卵双胞胎是此类研究中的对照组。

社会心理学家约翰·约斯特（John Jost）于 2003 年提出了不同的模型，以理解自由派与保守派之间的差异。在对 88 项该领域已发表的研究进行元研究（meta-study）（对先前研究的比较）后，约斯特指出，保守派的特点是对死亡高度焦虑、需要确定性，以及无法应对模糊性。他说："保守主义的核心意识形态强调抵制变革和为不平等辩护，其动机是……出于管理不确定性和威胁的需求。"他从心理学角度进一步扩展了这一主张：稳定和等级制度为保守主义者提供了一种舒缓的强化和抗冲击的结构，而变化则可能预示着无序和意外危险。约斯特及其同事的研究受到了广泛的批评，但约斯特坚持自己的观点。在 4 年后的一项后续研究中，他再次宣称，管理不确定性和威胁的心理需求是我们政治倾向的基础。保守派希望在他们认为充满威胁的世界中尽可能地避免不确定性，因此他们需要秩序，不愿意接受新的体验。管理不确定性的愿望也是保守派倾向于更快做出决定的原因，无论他们的认知能力如何。

在下一阶段，研究人员试图了解自由派和保守派的政治观点与人格特质之间的联系。他们选择了一个公认的人格定义，该定义基于五种主要特质，即所谓的"大五人格"：对新体验的开放性、尽责性（愿意努力工作、有责任感和专注力）、外向性、宜人性和神经质。研究发现，与政治倾向最相关的两种特质是对新体验的开放性和尽责性。

研究人员以科学的名义，在研究参与者的家中和办公室里进行观察，并根据他们设计私人空间的方式，寻找他们意识形态偏好的线索。研究发现，保守派的房间更加干净、整洁，他们明亮的办公室装饰简单，通常不如自由派舒适。相比之下，自由派的卧室里有更多的书、地图、旅行文件和音乐制品，包括世界各地的音乐。他们的办公室色彩更丰富，书也更多。研究人员证实，自由主义者更乐于接受各种体验。这项研究的读者可能会认为，如果保守派害怕混乱的世界，那么自由派则害怕缺少情感和体验的世界。

2008 年，著名的《科学》（Science）杂志发表了一项特别重要的观察结果，有助于人们对这一主题形成更广泛的认识。科学家利用眼动追踪设备和皮肤电导传感器发现，那些自我定义为保守派的人对消极刺激的反应更强烈。在中性图片中插入以下图片——超级大蜘蛛趴在惊恐的人脸上、血流满面的人陷入昏迷，以及开放性伤口里长出蛆虫，会使连接在参与者身上的敏感仪器的指针跳得更厉害。这组参与者听到巨响时的惊跳反应也更明显。

研究人员得出结论，保守派很快就能注意到消极信息，会花更长的时间去关注它，也更容易被它分散注意力。这种现象源于进化，在早期，快速反应意味着保守派会存活下来，而自由派可能会死亡。这也解释了为什么那些在生物学上倾向于抵御威胁的人在政治立场上更倾向于支持发展军事力量、限制移民（被视为传播疾病）、反对同化并支持严厉执法。然而，重要的是要明白，从科学的角度来看，这两种方法当然都没有优势。此外，如果爱因斯坦说得对，"我们不能用造成问题的思维方式来解决问题"，那么追求创新对我们生存的重要性就不亚于对威胁的敏感性——对威胁敏感是过去进化的结果。

2014 年发表的一篇文章延续了这一观点，试图明确找出区分保守派和自由派的核心因素。作者（其中一些人参与了本文提及的其他研究）声称，虽然有许多特质可以区分保守派和自由派的反应，但"组织因素"（organizing factor）——其他因素所围绕的核心特质——确实是对消极环境因素的不同生理和心理反应。保守派受其影响要大得多，他们倾向于对消极刺激做出更多反应，并为此投入更多的心理资源。与此相反，自由派受到消极因素的威胁较小，这种行为模式与他们试图研究新的生活方式并加以管理的倾向相一致，即使以社会对威胁和混乱的敏感性为代价。

研究人员这样总结他们的工作："我们可以合理地假设，那些对消极刺激有更强生理或心理反应的人倾向于支持能最大限度地减少所感知威胁的公共政策，因为这种政策重视过去的传统解决方案，限制人的自由裁量权（支持像自由市场这样，不涉及慷慨、体贴或利他主义表达的想法）。为此，这种政策还以牺牲外部群体（'他们'）为代价来推动内部群体（'我们'）的发展，并采取由权威人士制定的决定性的统一政策。"消极偏见之所以能成为一种方便的研究诊断工具，原因之一是人们在对待与之相关的问题上表现出的巨大差异。

发表这篇文章的杂志《行为与脑科学》有一个令人耳目一新的做法，那就是在发表特别有趣或有争议的文章时，也发表其他研究人员对其结论的回应。在针对这篇论文发表的 26 篇文章中，有 22 篇支持其结论。另外 4 篇也接受了文章的主要观点，但希望改进"消极偏见"一词的定义，以及文章所涉及的保守派和自由派之间的具体差异。

任何对竞争激烈的科学研究界稍有了解的人都明白，这是一种全面的支持。这篇文章的作者和评论者的共识是，保守派和自由派可以根据一种人格特质来区分，这种人格特质不仅表现在心理特征上，还表现在生理特征上，有时甚至表现在遗传特征上。约翰·约斯特十多年来一直在等待自己的早期研究成果得到证实，他就是回应者中的一位著名人物。

撰写这篇文章的约翰·希宾及其同事在一本书中总结了他们的观点，该书于 2013 年出版，书名为《先天注定：自由派、保守派和政治分歧的生物学》(*Predisposed: Liberals, Conservatives, and the Biology of Political Differences*)。希宾在新书发布会上接受采访时说："保守派经常说'自由派不懂'，而自由派则坚信保守派只会增加威胁感。两者都是对的。"他还补充道："如果我们能让人们像看待性取向或左右利手一样看待政治，也许我们就能更加宽容一些。"

鹰不群集

希宾及其同事的工作构成了史密斯在其开发的鹰鸽模型中所发现的生物平衡的心理反映。社会需要这两种人：保守派保护我们的社会免受剥削与攻击，而自由派则通过鼓励创新和对新体验的开放性来推动我们前进。对外界影响持开放态度的人和试图阻止与外界联系的人相结合，社会将从中获益——即使是一群蜘蛛，也会从善于交际和不善于交际的蜘蛛的共存中得到好处。

内化了这一点的人肯定也能理解，与自己意见相左的人并非肤浅、无知或怀有错误的意图。他们只是以与我们不同的方式体验世界，处理自己的经验，并做出适当的反应。我们每个人对社会结构都有自己的道德偏好——有些人喜欢等级制度，有些人偏好平等主义；有些人支持严惩违法者，有些人比较宽容；有些人对外部群体充满好奇和兴趣，有些人将其视为威胁。

也就是说，通过对话使保守派和自由派达成一致的想法是不现实的。更实际、更理性的做法是承认我们之间的差异，意识到这些差异的根源，承认我们注意到的是不同事物的事实。也许这样我们就会做好妥协的准备，明白这是实现我们利益的最佳途径。

此外，重要的是要明白，我们的意识形态立场代表的只是一个连续统一体上的一些点，而不是适用于我们个人和国家议程中所有主题的清晰明确的世界观。事实上，有些研究关注的是两个阵营成员的共同点。其中一项研究考察了在一个婚介网站注册的保守派和自由派的期望。结果发现，每个人都在寻找同样的东西：与自己相似的伴侣。

加拿大温尼伯大学进行的另一项研究发现了更多意想不到的相似之处。如果你认为保守派倾向于服从，而自由派倾向于反抗，不太顺服，那你就错了。根据这项研究，双方都同样重视对权威的服从，但在哪些权威值得服从的看法上存在差异。

保守派和自由派的另一个共同点是倾向于夸大对立群体道德立场的影响力。虽然自由派和保守派在各种道德问题的看法上确实存在差异，但双方都高估了这种差异的程度，并通过这种方式强化了对对方的刻板印象。了解自由派和保守派比他们认为的更相似，是双方消除敌意、建立信任之桥道路上的重要里程碑。

然而，在将最新的心理学研究成果转化为保守派和自由派在社会和国家层面实现和解的过程中，一些重要的问题出现了。在几乎所有的国家，鹰派对政治决策者的影响力似乎都大于鸽派。造成这种现象的原因在于，决策者及其顾问受到各种认知偏见的影响，这种影响在战争期间表现得尤为明显，令人不安。交战双方都倾向于夸大敌方的敌对意图，错误地评估敌方对自己的看法，在敌对行动开始时表现出毫无根据的乐观，在战斗结束后的谈判中顽固地拒绝做出任何让步。这些认知偏见促使了战争的爆发，也阻碍了战争的快速结束。

在 2007 年《外交政策》（*Foreign Policy*）杂志上发表的一篇文章中，丹尼尔·卡尼曼描述了一长串认知偏见，这些认知偏见导致决策者更加重视鹰派顾问的意见。卡尼曼称，鹰派对自己很有自信，不相信"另一方"，他们讲述的故事比现实世界中的任何故事都更简单、更连贯。这类似于"狐狸"与"刺猬"的故事，正如以赛亚·伯林（Isaiah Berlin）在1953年发表的一篇题为"刺猬与狐狸"（The Hedgehog and the Fox）的文章中所写："狐狸知道很多事情，而刺猬只知道一件大事。"

为鹰派作风提供支持的一个核心的认知偏见是，我们倾向于将他人的行为判断为其本质的反映（例如，"他们是一个为达目的不择手段的宗教团体"），而我们自己的行为总是对环境的反应（例如，"我们已退无可退，所以我们不得不做出回应"）。当然，问题在于对方也是这样想的。如今还有谁记得，第一次世界大战的所有参战方都认为自己的威胁性低于对手？

另一个众所周知的认知偏见是人类的乐观主义所固有的，它已经给人类造成了惨重的损失。这种偏见是发动战争的根源，在顾问、领导人和军人身上都可以找到。在第一次世界大战中，所有参战方都相信自己能在圣诞节前回家——他们只是忘了说是哪一年的圣诞节。法军司令诺埃尔·德·卡斯特诺将军（General Noël de Castelnau）在这场人类历史上最具破坏性的战争爆发前宣称："给我70万士兵，我将征服欧洲。"

如前所述，除乐观主义外，我们还会在各种情况下过度自信、夸大自己的掌控力。就像我们确信自己的驾驶技术高超或在法庭上提供了更有力的证据一样，顾问和领导人也相信，力量对比他们一方占优，一旦战争开始，他们就能成功地控制战争的进程。

甚至在战斗结束，双方都开始总结自己的损失之前，鹰派就已经能够表现出人类的另一种认知偏见。如果面前有两个机会：获得确定的收益，或者冒着失去一切的风险获得更大的收益，我们会选择确定的收益。然而，当面对损失时，我们的表现就不同了：在这种情况下，我们愿意赌一把，即使冒着更大的风险，也要设法止损。由于双方的决策者都受到这种认知偏见（厌恶损失）的影响，战争被不必要地延长了，对立双方就像赌徒难以离开赌场一样，难以放弃战场上的"赌博"，以追求减少自己损失的可能性。

卡尼曼提到的最后一个认知偏见是，由于我们对收益和损失的态度不同，我们很难通过谈判解决冲突。根据卡尼曼的展望理论，我们需要双倍于特定损失的收益，以补偿损失带来的情感痛苦。由于我们将谈判中放弃的东西视为损失，而将得到的东西视为收益，因此我们需要得到至少两倍于自己所放弃的东西才能感到满意。唯一的问题是，对方也有同样的感受。

卡尼曼明白，这并不意味着鹰派总是错的。他只是认为鹰派说服力过强。在鹰派和鸽派之间的长期争论中，似乎我们真的需要鹰派——能够超越偏见，看到真正的威胁，同时也能发现机遇的领导者，即使其中存在不确定性。问题是，正如罗斯·佩罗（Ross Perot）所说，鹰不群集。你每次只能找到一只。

马太效应

"马太效应"（Matthew effect）指的是已经拥有优势地位的人善于扩大优势，享受额外的回报，而处于弱势地位的人就连仅有的那一点也容易失去。简而言之，这是一种自我增强的循环，富人更富，穷人更穷，直到赢家通吃。

这个术语是美国哥伦比亚大学的社会学家罗伯特·默顿（Robert Merton）于1968年创造的，他在学术研究领域发现了该现象。他注意到，知名研究人员因其知名度而得到关注和荣誉，而没有名气的研究人员提出的新观点却被重要期刊的编辑拒之门外。同样，重要奖项总是颁给参与研究的资深研究人员，即使大部分工作是由初级研究人员完成的。1987年的诺贝尔经济学奖颁给了美国麻省理工学院的罗伯特·索洛（Robert Solow），尽管同年知名度较低的特雷弗·斯旺（Trevor Swan）也发表了相同的研究成果。2000年的诺贝尔化学奖也是如此。这种现象在学术生涯的早期阶段就会出现：谁有幸进入更有名气的大学，谁就能享受更优秀的研究助理团队、更先进的设备和更易获取的研究基金。在经济不景气的年份进入就业市场的学生，注定会在整个职业生涯中拿到更少的薪资（与在经济繁荣的时期开始工作的毕业生相比）。

研究人员在许多领域都发现了马太效应的影响。例如，孩子在上学期间，平均每天通过听或读掌握 10 个新词。他们之间的差距很大，阅读量大的孩子接触的词汇也更多。随着时间的推移，词汇量丰富的孩子和词汇量贫乏的孩子之间的差距会越来越大。不仅如此，词汇量丰富的孩子还能得到最好的指导，有时会进入资优班，关爱学生的教师也会对他们投以最大的教育关注。总之，好学生会变得更好。

在《异类》一书中，马尔科姆·格拉德威尔调查了杰出冰球运动员的成长环境。他的调查记录了一个有趣的现象：在分析杰出冰球运动员的出生日期时，格拉德威尔发现他们大多数都出生在当年的第一季度。解开这个谜团并不需要复杂的实验设备。格拉德威尔解释道，当这些球员开始上学时，他们的体型会高于其年龄组的平均水平。这个看似微不足道的优势，足以让他们在被选入年龄组代表队时略胜一筹，从而获得更多练习和上场的机会。优势带来了机会，而机会使优势进一步扩大，新的优势又创造了新的机会，如此往复，直至培养出一名真正的杰出球员。格拉德威尔称，异类"无一例外都是隐性优势的受益者"，但这个等式的另一边却是人类天赋的悲哀，这些天赋之所以没有得到展现，只是因为其起点不够好。

在经济方面，马太效应让人联想到复利的力量——当一项经济投资所产生的利息被再投资时，其增长速度令人目眩神迷。富人是这一现象的主要受益者，他们享受各种特权和利益，但主要是因为占据了良好的起点，能够把握比别人更多的商机。但是，这种效应对个人财富的影响与对国家的影响相比就显得微不足道了：如果说 1917 年世界首富洛克菲勒（Rockefeller）的财富足以支付美国的全部国债，那么今天比尔·盖茨的财富甚至还不够支付这笔债务两个月的利息。

马太效应是加剧社会不平等的引擎，但它并非无可更改，我们可以通过设定不同的社会优先事项来加以抑制。如果我们继续认为不计代价的经济增长就是一切，哪怕只有少数人能够享受经济增长的成果，而很多人却背负着代价，那么，马太效应必将使不平等的程度加大，达到让社会难以为继的程度。

官僚"颂"

是什么赋予了世界各地的官僚以权力？

1600 年，发生在战略要冲关原的一场战役决定了日本的命运。德川家康（Tokugawa Ieyasu）寡不敌众，但在说服了几名敌军将士向自己倒戈后，他还是占据了上风。这场胜利为他赢得了幕府将军之位——日本最高统治者。在他所建立的王朝统治的200 多年里，日本局势稳定，文化空前繁荣。武士，致力于保护自己的贵族主人的战士，从精英阶级跌落，他们发现自己既没有主人，也没有战争。他们成了官员、法官、税务官、警察局长和办事员——官僚机构——的仆人，这与他们所熟悉的世界大相径庭，而他们曾为那个世界接受过长期的训练。他们难以适应，尤其是这意味着经济上的损失。多年来，武士一直保持着他们惯有的忠诚，为主人复仇，并在他们的坟墓前自尽。然而，随着时间的推移，他们屈服于幕府将军，转而效忠于国家及其机构。保持传统的唯一办法就是修习武术，但武术却无法派上用场。正是在这一时期，纪律和服从逐渐成为日本文化的核心。这一历史事例说明了官僚结构如何迫使个人改变自己的行为模式，改变自己从小养成的一切，甚至在许多方面改变自己的情感构成。

美国作家戈尔·维达尔（Gore Vidal）说："官僚有一种不喜欢诗歌的特质。"的确，大多数官僚的心理结构与社会上的其他人不同。他们从所服务的组织中汲取认同感，有时甚至不惜模糊个人界限。官僚组织不允许其职员自由评价是非对错、道德与否。因此，官僚不受其内在价值体系影响，不被其指导行动，他们的职业道德与他们的情感世界是分开运作的。这也是为什么官僚往往不能被善良、公平或正义左右。他们按程序或法律条文办事。自由裁量权不在他们的职位描述中，也并非确保晋升的因素。我们没有什么理由去羡慕官僚：许多官僚在被要求以组织身份替代个人身份时都会经历危机。他们对自己的个人身份依赖于雇主，对放弃自由裁量权，特别是放弃价值判断感到沮丧。在这个世界上，人与人之间的每一次接触都会产生情感的表达，但官僚被要求把感情留在家里。

在我的职业生涯中，我遇到过很多官僚，但几乎每次当我试图以自己惯用的商务模式向他们解释我的立场时，都以彻底的失败告终。最终，我意识到，官僚与商人在本质上是不同的，因此也有不同的考虑。商人在意的是最终结果，而官僚关心的是过程。如果说企业家是将不可能变为可能的人，那么许多官僚将可能变为不可能的技艺已臻化境。

官僚没有什么可以获得的，却可能会有所损失。他们的工资并不能激励他们在决策中冒不必要的风险，因成功冒险而得到奖金是遥不可及的梦。他们主要致力于最大限度地降低个人成本。官僚就像一个风向标，能发现危险最小的风从哪个方向吹来。只有指出不同方向上存在更大风险，才能改变他们的行为。之后他们可能会做出有利于申请人的决定，因为在特定情况下，申请人的请求似乎风险较小。

一种常见的策略是威胁要起诉拖延决策的人，要求赔偿损失。不过，如果你了解官僚的心理，就不必走到这一步。我的一个生意上的熟人曾经讲述过，在一起第三方利用内幕信息的案件中，他作为证人被美国证券交易委员会（美国金融监管机构）询问。证券交易委员会的律师在询问时急于证实自己的怀疑，因此不断地重复证人所说的话，偶尔还故意错误地引用他的话，以此作为一种询问技巧。我的这个熟人厌倦了纠正他，决定通过引入新的风险来改变他们之间的权力平衡。"如果你继续不精确地引用我的话，我就会开始说得非常慢，你会被困在办公室里，直到五点以后。"这个意想不到的风险就像魔法一样起了作用，质询很快就结束了。

插画师：小丸子

第四篇

人海独行

我、本人和我自己

自恋者作为社会性动物的悲哀。

三月下旬，巴黎的天气凉爽，太阳刚刚升起，我一大早便出门跑步。30 分钟后，我决定折回酒店。我迅速爬上塞纳河畔的楼梯，来到巴黎圣母院旁边的街道。从河面看过去，这座城市的美景如雾里看花，逐渐地，晨起的行人出现，路面上几辆汽车畅行无阻，让这座城市变得生机勃勃。在新环境中，首先迎接我的是一块亮起的广告牌。起初，我几乎没有注意到它，但广告中有些令我在意的东西让我驻足停步，我退后几步，再仔细看了看。

我站在广告牌前，上面是一张装裱好的照片。照片上，一位年轻女子随意地披着鲜艳的酒红色布料，斜倚在一张破旧的沙发上。她优雅而时髦的衣服松松垮垮地挂在身上，露出修长的双腿；沉重的珠宝首饰从她身体纤细的关节处垂落下来。她一只手撑着沙发，头微微倾斜，看向另一位女子的头部，后者以相同的姿势回应，头也微微斜着。

天才广告商达到了自己的目的：我中断了晨跑，走近照片仔细端详。然后我意识到，照片上并没有别的女人。照片上的模特久久地注视着镜子中自己的脸。

当我回到单调的跑步节奏时，我心想，这则巴黎著名时装店的广告表达了时代精神。时代已经改变，不再需要用动物的性腺提取香水以吸引异性的注意。女性通过精心打扮来吸引男性和其他女性的日子也一去不复返了。如今，我们似乎只需悦己。16岁的孩子吹嘘自己在一个月内积累了 3000 名 Facebook 好友，赛车手在一场重要比赛中违抗车队经理超过了队友，公司高管不理会他人只顾自我膨胀，他们之间有什么共同点呢？他们都站在同一池水边，顾盼着自己的社交倒影。欢迎来到全球自恋之湖。

曾几何时，我们更善于与人交往

有史以来，人类一直采取一种以文化为基础的生存策略：一种由信仰、价值观、习俗、仪式和符号组成的共识体系，作为人们处理社会关系的基础。个人的地位在很大程度上是由文化决定的，而文化则随着人类应对新的挑战而不断变化。15 万年前，在非洲大草原上，人们如果不属于某个部落就不可能生存下去，而今天，社会归属满足的是人们的其他需求，主要是心理需求。

事实上，如果我们试图定义某个特定的个体，我们就会发现，如果不提及其他人（一般是该个体所属群体的成员），我们就无法做到这一点。在许多哺乳动物中，群体中个体之间的区别是通过社会结构中的等级制度来实现的，这一点在灵长类动物中尤为突出，包括一些与人类特别接近的物种。

自然研究人员已经发现了许多其他物种的社会行为，包括一些在发展水平上与我们相距甚远的物种。狼会以相对公平的方式与狼群中的其他成员分享食物，并依靠它们的帮助抚养后代。在马、大象、鬣狗和海豚中，我们可以观察到持续多年的友谊。一项研究发现，120 只牧羊犬的社交行为几乎与人类无异，甚至比大自然中最优秀的合作者——黑猩猩——更加社会化。

早在 20 世纪初，心理学家阿尔弗雷德·阿德勒（Alfred Adler）就提出，对归属的基本需求具有进化生存的优势。他还断言，我们活动的主要动机是社会性的［不一定像他的前辈弗洛伊德（Freud）认为的那样是由性驱动的］，归属感是人类的一种深刻需求。阿德勒的假设最近在美国宾夕法尼亚大学的两位动物行为研究者的工作中引起了共鸣。多萝西·切尼（Dorothy Cheney）和罗伯特·塞法斯（Robert Seyfarth）对达尔文主义的传统假设提出了质疑，该传统假设认为，在不同物种的群体中，最具攻击性、竞争性和支配性的物种拥有生养更多后代的特权。

他们对狒狒的社会行为进行了研究，在博茨瓦纳对 90 只狒狒的社会习性进行了超过 15 年的研究。他们在一本引人入胜的书中介绍了自己的研究成果，书名是《狒狒形而上学：社会心智的进化》（*Baboon Metaphysics: The Evolution of a Social Mind*）。他们发现，雌性狒狒生育能力（后代数量）的最佳预测指标实际上是它与群体中其他雌性狒狒的社会联结强度。他们还发现，社会关系发达的雌性狒狒的后代存活率和预期寿命更高。

为了科学起见，两位研究人员毫不犹豫地动起了手：他们检查了雌性狒狒的粪便，追踪它们在经历紧张和压力时通常会分泌的物质。狒狒群体中某一亲密成员的死亡会导致粪便中这些物质的含量增加。但研究人员很快发现，在这种悲剧发生后，雌性狒狒会与新的雌性狒狒建立社会联结，它们粪便中的痛苦指标也随之消失。看来，即使是自然选择也更青睐在家庭内外建立社会联结的狒狒。另一项研究发现，花时间为其他黑猩猩除虱的黑猩猩，其体内的催产素（一种"合作激素"，也被称为"信任分子"）水平与血亲共处的黑猩猩体内的高激素水平相似。

然而，19 世纪末，人类许多类似于除虱的社会活动消失了。工业化带来的新的可能性替代了人们与土地和小社区的传统联结，加速城市化进程造成了疏离感。在早期的生活方式中，人们的心理健康、身份认同甚至自我价值感大部分都来自他们的群体归属。然而，今天，我们已经慢慢地、稳步地到达这样一种境地：人们的心理幸福感和自尊感来自他们独特的个人特征和个人成就。

因此，从 19 世纪的乡村社会到今天，这一路发生了什么是一个很有意思的研究主题。有趣的巧合是，心理学也是在这一时期发展起来的。自阿德勒提出自己的理论以来，行为科学家总会被问及对个人与社会之间重要联结的学术见解。

利己主义与归属感之间的平衡

"我们可以想象，一个人站在一条轴线上，轴线的一端是他的自私需求，另一端是他对归属感和联结的基本需求，"以色列赫兹利亚跨学科研究中心（IDC Herzliya）的吉拉德·希施贝格尔（Gilad Hirschberger）教授在电子杂志 *Alaxon*（希伯来语）的创刊号上写道，"个体不断地试图在个人发展和被他人接受之间保持微妙的平衡。如果他的行为过于自私，就会被社会排斥、孤立。如果他在他人身上投入很多，他的个人需求就可能受到影响。这种平衡难以达到，会受许多动态力量的影响。"

我回到希施贝格尔教授的观点，试图了解影响平衡这一力量的本质。"在我看来，利己主义和归属感之间的矛盾正是心理学的核心所在，"他在接受采访时说，"如果我们不需要他人和他人的认可，我们就会以一种纯粹自私的方式行事。由于我们需要与他人合作才能生存下去，我们在社会中的地位取决于他人对我们的评价，因此我们必须不断地平衡赤裸裸的个人利益和对归属感的渴望。"

罗伊·鲍迈斯特及其同事进行的一项研究发现，当群体内的个体之间保持差异时，群体也会受益；而当群体内的个体身份趋同时，群体就会失去这种优势。也就是说，当"难以达到的平衡点"处于正确位置时，受益的不仅是个人，还有社会。

鲍迈斯特在 1995 年与美国杜克大学的马克·利里（Mark Leary）合著的一篇论文中指出，与周围环境联系不充分、社会归属感不足的人很容易出现行为和健康问题。这篇题为"归属需求：渴望人际依恋是人类的基本动机"（The Need to Belong: Desire for Interpersonal Attachments as a Fundamental Human Motivation）的论文认为，社会行为在很大程度上可以用归属感这一基本需求来解释。在这篇开创性的文章中，作者声称归属需求比其他大多数动机来源都重要，我们的思想、情感和行为都集中在这种需求上。鲍迈斯特和利里认为，我们的许多焦虑都源于对被拒绝和社会孤立的恐惧。他们的研究引起了极大的关注，反映了人们对其基于社会学、人类学、政治学，当然还有心理学的新论点的兴趣。

但仅仅有归属于群体的渴望是不够的，利里在 2015 年的一次采访中如此表示。我们还需要被群体成员接纳。传统上对归属感的渴望的强调忽略了一个事实，那就是我们不仅仅想要归属感——一旦我们成为群体中的一员，我们就会寻求以某种方式崭露头角。我们可能会试图成为幽默的搞笑者、电影业最新趋势的权威，或者以其他各种方式从群体中脱颖而出。

加拿大滑铁卢大学的伊戈尔·格罗斯曼（Igor Grossmann）和迈克尔·瓦纳姆（Michael Varnum）撰写了一篇论文，介绍了另一种创新的、主要是社会性的方法来理解个人主义的增长。2013 年 5 月，格罗斯曼在华盛顿举行的美国心理科学协会（Association for Psychological Science，APS）会议上分享了这篇文章的要点。他的演讲主题为"美国中产阶级个人主义的兴起"（The Rise of Middle Class Individualism in America），以两幅展示一家人坐在餐桌前的插图开场。其中一幅是 20 世纪 50 年代的作品，图中每个人都在热烈地交谈。另一幅是几年前绘制的，图中每个人都在看向房间角落里的电视机。第一幅插图中没有电视机，而第二幅中的电视正在播放一场橄榄球比赛。格罗斯曼认为，这两幅插图代表了美国过去 50 年间发生的文化变革。在 20 世纪中期的传统社会，人们享受着与亲近的人直接互动的乐趣，但这种时代已经一去不复返了，现在，人们放弃了人与人之间的交互，转而选择适合自己需求和口味的媒体。

数据显示，美国人变得更加以自我为中心，根据这些数据，格罗斯曼想知道这究竟是一种文化变革（而非政治经济变革），还是一种由媒体主导的变革。因此，他试图追踪与美国城市化和社会阶层发展有关的变革带来的影响。他并没有依靠问卷调查来收集不耐烦的学生的自我报告，而是研究了真实的数据。

格罗斯曼的研究基于几个因素，他认为这些因素是社会中个人主义水平的指标：新生儿名字的类型（独特的名字与常用的名字的相对频率）、领导人讲话中反映个人主义与集体主义的词汇的流行程度，以及这些词汇在一段时间内在书中出现的频率。

在分析新生儿的名字时，一个隐含的假设是，独特的名字确实反映了个人主义。传统指数是男孩和女孩被取名为其出生那年的 20 个最受欢迎名字之一的百分比（低百分比反映出高个人主义水平）。心理学家让·特温格（Jean Twenge）及其同事对 1880—2011 年的新生儿名字进行了分析，结果表明，独特名字的占比持续上升，尤其是自第二次世界大战以来。

例如，1946 年，美国 5% 以上的男孩叫詹姆斯，4% 以上的女孩叫玛丽。在那段时期，三分之一的新生男孩被取名为十大流行名字之一，四分之一的新生女孩也是如此。第二次世界大战结束后，在美国出生的所有男孩中，有一半人的名字是 23 个最常见的名字之一。到了 21 世纪第一个十年的中期，最流行的名字（雅各布和艾米丽）的相对流行率仅为 1%。（在以色列也是如此，

20世纪50年代最受欢迎的名字也逐渐让位给"更酷"的名字，2007年，只有2.5%的新生男孩使用最受欢迎的名字"伊泰"。）

在一项特别有趣的分析中，格罗斯曼及其研究伙伴考察了自1860年以来美国总统的演讲，标记了表达个人主义的词（偏爱、不同、拥有、实现）和表达集体主义的词（给予、归属、分享、共同）。他们确实发现，个人主义词汇的使用有所增加，在比尔·克林顿（Bill Clinton）担任总统期间达到顶峰。对1860—2006年文学文本的类似分析也发现了相似的结果，变量的统计相关性非常高（在这一时期末稍有减弱）。

格罗斯曼试图找出使社会更加个人主义的综合因素。他使用复杂的统计方程，排除了技术变革的影响。人口密度和城市化的变化、传染病的发病率及自然灾害（人们倾向于在战争等集体创伤后为孩子取一个独特的名字）也未能提供与个人主义令人满意的相关性。唯一与个人主义现象相关的因素是社会阶层，由平均收入和教育水平来衡量。随着收入和教育水平的提高，人们越来越倾向于给新生儿取独特的名字，某些词语也更频繁地出现在总统的演讲中。因此，格罗斯曼认为，社会阶层是衡量社会中个人主义的最佳指标。

历史上最自恋的一代

独特的文化成分在不同国家人们的自我形象中的重要性，为全球范围内个人主义的上升态势带来了一些放缓的希望。如果被要求从不同颜色的笔中选一支，韩国人会选择数量最多的颜色，而美国人会选择数量最少的颜色，即独特的颜色。韩国广告强调，表现得与他人一样才是正确的。

但是，无论从心理学还是社会文化角度来看，关于如何平衡对归属感和独特性的需求的讨论都无法解释西方国家的文化风潮，这股风潮带来了全新的平衡——在保持归属感的同时，允许进行近乎自恋的自我表达。消费文化和社交网络的出现打破了归属需求与个体的自我表达需求之间微妙的历史平衡。消费文化使我们能够通过选择自己喜爱的品牌（其中许多品牌都以"我的"或"我"开头）来强调自己的独特性，而社交网络允许我们以最积极的方式向他人展示自己。我们在互联网上描述自己的方式与黯淡无光的现实生活完全不同，而我们的大脑轻易地解决了两者失调的问题。毕竟，我们早已习惯于把那些可能从负面展示我们性格（尤其是我们的气节）的信息放入潜意识。社交网络背后的心理学模型似乎给充分利用自恋的人打了最高分，换言之，就是那些获得最多社会关注，但对他人投入相对较少的人。这一成就并不令人瞩目，因为我们最终需要他人多于他人需要我们。此外，社交网络作为一种传递令人渴望的归属感的手段，总是充满诱惑，而又不要求我们做出沉重的承诺。

这是怎么发生的？除了购买力增加、教育水平提高和互联网技术提供的可能性之外，我们是否还能找到导致自恋和腐蚀性个人主义的其他因素？

心理学家让·特温格在《唯我世代：为什么今天的美国年轻人比以往任何时候都更自信、更果断、更有权利——也更悲惨》（*Generation Me: Why Today's Young Americans Are More Confident, Assertive, Entitled—and More Miserable Than Ever Before*）一书中回答了这个问题。该书详细地描述了美国正在为越来越多的年轻人所接受的教育付出代价，这种教育将自我价值感置于成就感之上。因此，这些年轻人更喜欢"我自己"，而不是其他任何东西。

作者认为，父母和教育工作者都是造成历史上最自恋的一代人的罪魁祸首——父母没有给孩子设限，而教育体系则以牺牲自律和教育的严肃性为代价，将学生的自我价值感神圣化。在这个体系中，得到奖品和奖励是常态，每个人最终都会获得奖项。"本月最佳学生""拼写奖""辩论队优秀辩手"，等等，都是为了增强学生的自信心而设计的创意称号。努力学习比学习成绩更受重视，每三名教育工作者中就有两名愿意给学生打高分，只要这些学生能让他们相信自己已经足够努力。在这种氛围下，一些低自尊族裔群体在美国学生中的学习成绩遥遥领先，也就不足为奇了。

特温格与同样专门研究这一主题的心理学家基思·坎贝尔（Keith Campbell）共同撰写了《自恋流行病：生活在权利时代》（*The Narcissism Epidemic: Living in the Age of Entitlement*）一书。书中介绍了用于识别过度自尊的传统问卷——调查受访者对世界的控制欲、将自己定义为"特别的"这一倾向，以及配得感的程度。美国大学生的回答表明，与 1996 年相比，2008 年的自恋者人数增加了 15%。总体而言，如今四分之一的美国人是高度自恋者，10% 被诊断为自恋型人格障碍。这一比例每年都在以可怕的速度螺旋上升，与肥胖症的增长速度一样。

在艾森豪威尔总统内阁（1953—1961 年）任职的 23 位内阁成员中，只有一位农业部长卸任后出版了回忆录。相比之下，在里根政府的 30 位内阁成员中，有 12 位认为自己的生活十分重要，足以引起公众的兴趣，并在 1989 年里根任期结束后出版了回忆录。

随着自恋现象的日益增多，人与人之间的信任和共情水平在不断下降，年轻人对其生活中"有意义的人生信条"的重视程度也在急剧下降。1950 年，美国 12% 的年轻人认为自己是"重要人士"，到了 20 世纪 90 年代初，这一比例飙升至 80%。心理学家内森·德沃尔（Nathan DeWall）及其同事进行的研究还发现，流行音乐歌词中的自恋表达也增加了。

特温格和坎贝尔还认为，2008 年美国的经济危机可归因于自恋的流行，自恋鼓励人们超前消费，使自己看起来比实际上更富有、更成功。金融机构提供的信贷助长了一种风气，在这种风气下，信用卡数量的增长速度仅次于整容手术的增长速度（自 20 世纪 70 年代中期以来增长了 300%）。这印证了格罗斯曼的研究结果，即可支配收入的增加是美国社会个人主义增长的原因。

基思·坎贝尔在 2014 年的一次演讲中表示，希望这种趋势及其相关的文化价值观能够得到扭转，不要让我们再次遭遇经济崩溃。与此同时，他建议人们不要再把提升自我价值感作为社交目标，而是要培养自控力，在个人和公共生活中多一点同情心。

秘密面前没有朋友

选择那些可以分享我们宝贵隐私的朋友。

站在原地，张开双臂，旋转一圈。你的手指在空中划出的圆圈范围，标志着你更愿意别人与你自己的身体保持的距离。陌生人侵入我们的个人空间就会让我们感到受威胁，甚至在电梯里挤到我们旁边的人，也会让我们感到不舒服。我们希望别人尊重的边界（这样我们就不会感到不舒服或受威胁）是我们隐私的重要组成部分。

所有生物都有边界：构成我们身体组织的细胞被一层薄膜包裹着，这层薄膜划分了细胞内外的界限，就像我们家的墙壁界定了谁住在里面一样。这些边界区分了哪些是暴露给全体公众的，哪些是只留给界限内的人的。隐私也设定了类似的边界。隐私不仅仅是我们希望他人与我们保持的舒适距离，还是我们与他人保持距离的权利，这样我们就能专注地思考创造了我们内心世界的各种细节，这些细节只有我们自己熟悉。

"隐私"一词没有明确的定义，在法律、政治、通信和哲学中有不同的用法。亚里士多德最先区分了进行公共讨论的社会空间和为个人及其家庭保留的私人空间。著名学者玛格丽特·米德（Margaret Mead）又从人类学维度进行了补充，指出不同文化通过藏匿、独身或阻止公众接触秘密仪式的方式来保护个人隐私。其他研究发现，动物也需要隐私。

不同文化间肢体语言的差异也体现在对私人空间的物理定义上。意大利人在街上与熟人打招呼时通常会热情拥抱并亲吻对方的脸颊，而日本人则喜欢相互鞠躬，不接触对方。在日本，触摸被认为是对隐私的严重侵犯。在南美洲，即使是互相不太熟悉的人交谈时的距离也非常近。在亚洲，人们可以接受身体上的接近，主要是因为人口密度高。在美国，人们不喜欢与他人站得太近，尤其是在不认识对方的情况下。

但是，物理距离的有形边界只是隐私的一个方面。另一个更重要的方面是我们为自己划定的想象边界，它将别人对我们的了解与只有我们自己知道的东西区分开来。隐私也是社会存在的必要条件。一个没有隐私的世界是为人所不能接受的，在这样的世界里，患者和医生之间、律师和当事人之间、朋友之间所说的一切都会成为公开的信息。在一个没有隐私的世界里，任何社会都无法维持下去。

所有文化都重视隐私，但区别在于对隐私的重视程度和保护隐私的方式。来自不同文化背景的跨国夫妇可能会懊恼地发现，他们中的一方与朋友畅谈夫妻间最近的争吵，而另一方却将其视为家庭隐私。举例来说，在隐私方面，远离科技的文化与经常在社交媒体展示个人信息的文化会采用不同的标准。一些消费者愿意放弃自己的隐私，以便获得根据其同意与互联网上的产品和服务供应商共享的信息而量身定制的商业优惠。供应商监控着我们的偏好、购买习惯和感兴趣的领域，这些都反映在我们的互联网搜索活动中。功能强大的计算机会处理我们无意中留下的所有痕迹，以便用令人细思极恐的细节精确地描述我们最私密的偏好——我们喜欢哪种颜色，我们认为哪些名人吸引人、哪些又令人讨厌，等等。

我们通过隐私来控制他人如何接近我们及我们的秘密。当我们决定谁可以进入我们的私人空间时，我们也在表达我们的社交选择。向他人吐露秘密的诱惑，源于我们希望可以与我们分享秘密的人值得信任，并以同样的信任姿态回报我们，甚至成为我们的朋友。然而，在这个等式的另一边，我们知道如果分享所有的秘密，我们很可能会失去重要的东西：那种有些东西只属于我们自己，别人无权接近它们的感觉。这包括只属于我们自己的特殊回忆，我们喜欢却被认为有点怪异的东西，以及我们非常讨厌却不好意思承认的东西。

隐私阻止旁人自由地接近我们——无论是在身体上接近还是通过有关我们的信息接近。放弃隐私是非常有诱惑力的，因为这可能使我们成为众人瞩目的焦点，至少暂时如此。在另一个极端，当没有其他人能进入我们的私人空间时，我们就实现了绝对隐私，我们只需将自己隔离在一个偏僻的地方，就能保持这种绝对隐私。然而，这样我们就需要告别所有的朋友，失去向他们展示我们优点的机会。

事实上，隐私和亲密是联系在一起的。不放弃隐私，就不可能有亲密关系。隐私意味着对个人偏好信息的控制，同时也是我们成长为具有社交和道德能力的成年人，建立充满信任、尊重和爱的关系的关键。对个人信息的控制使我们能够根据与他人的亲近程度和意愿，以不同的开放程度分享我们的信息。既然放弃隐私是我们进行选择、发展爱与友谊的基石，那么为什么失去隐私会威胁到我们作为人类——典型的社会性物种——的生存，答案就十分清楚了。隐私使我们能够塑造与他人、与自我的关系。

如果没有与他人的亲密关系，我们的生活中总会缺少点什么。毕竟，如果没有挚爱亲友可以分享，那么我们是谁，我们经历了什么，又有什么意义呢？我们允许进入我们私人世界的朋友，也是我们敢于自由表达自己而不会感到尴尬的朋友。但重要的是，我们需要记住，我们不仅渴望得到他人的爱，也渴望爱他人、关心他人。而我们培养这种亲和力所需的资源，就是我们的隐私——在与我们选择的人分享个人信息时的控制权。任何未经我们允许而获取这些信息的人都侵犯了对我们来说最重要的东西。

真奇怪。似乎我们需要隐私的唯一原因，就是让我们能够心甘情愿地放弃隐私。在放弃隐私的同时，我们将一份大礼送给我们珍视的人——家人、朋友和其他值得我们信任的人。你瞧，当我们交出自己的部分隐私并向他人揭露自己的秘密时，我们也准备好了改变自己设置的物理边界，允许他人走近我们，而不会让我们感到不安。

珍惜小差异

我们是更相似，还是更不同？

　　大名鼎鼎的读心术士突然出现在烟雾笼罩的舞台上。他的身上裹着深红色的长袍，长袍下露出一双白色的丝鞋，头上戴着黄色的头巾，头巾上系着一颗闪闪发光的绿宝石。两道斜弯的浓眉在他涂满白粉的脸上格外显眼。炫目的聚光灯追随着他那灵活身体的一举一动，观众的欢呼声此起彼伏。一位不现身的主持人邀请第一位志愿者上台，参与当晚精彩的开场表演。

　　转眼间，一位年轻人登上了舞台。从他明显的茫然可以看出，他与表演者并不相识。志愿者被要求在一张纸上画出一幅图画，然后把纸折叠好，装入信封，放在读心术士纤细的手中。当志愿者完成这一任务后，读心术士开始全神贯注地盯着信封，思考片刻后，他自信地宣布："你画了一栋房子。"志愿者脸上惊讶的表情和这位读心术士胜利的微笑说明了一切。

　　这是超自然的力量在起作用？或者这只是对人性的深刻理解？事实证明，如果被要求画一幅画，几乎所有人都会画出五种基本形状之一——房子、树、汽车、花朵或火柴人。读心术士要做的只是快速识别志愿者的手部动作和画画所需的时间。他的经验已经告诉他，纸上出现的是五种基本形状中的哪一种。

真尴尬。难道我们是如此相似，以至于成为娱乐人士和其他人的统计数据，包括那些在完全不了解我们的情况下就试图迎合我们口味的广告商？

在表象之下，我们所有人是否都是相似的

达尔文声称，在特定物种的内部存在着非常丰富的多样性：没有两个个体在解剖学、生理或行为构成上是完全相同的。特定物种的成员在细胞结构、战斗能力和社交技巧方面各不相同——这些特征被认为具有遗传性，使我们的后代与我们自己更相似，而与其他人更不同。

所有生物都有相似的遗传密码，包括老鼠和人。然而，除了同卵双胞胎之外，每个人都有独特的 DNA，决定了他们的眼睛颜色、血型，以及无数其他生理和生物特征。两个人的血缘关系越近，遗传密码的"拼写"差异就越小。但是，即使遗传密码的差异很小，也会因为基因构成处于活跃或休眠状态的部分不同而出现差异。我们和黑猩猩一样，都有负责生长尾骨的基因。幸运的是，我们的这种基因处于休眠状态。

　　我们不仅生来与众不同，还因人生经历不同而不断变化，这些经历通过创造新的神经元，在现有神经元之间建立新的连接，来改变我们的大脑。研究表明，我们的大脑可能会在一天之内发生变化。基因和经历的独特结合使我们在生理上与众不同。以色列魏茨曼科学研究所的伊兰·埃利纳夫（Eran Elinav）博士和伊兰·西格尔（Eran Segal）教授断言，即使是肠道细菌的组成也因人而异。他们认为，菌群多样性是如此丰富，以至于某些类型的食物可以帮助一些人减肥，但对另一些人的效果却恰恰相反。同样，药物的疗效也会随着我们的微生物群的不同而变化（微生物群也被称为"第二基因组"，即我们每个人体内独特的肠道细菌构成）。

　　弗朗西斯·高尔顿爵士（Sir Francis Galton）是一位非常多产的研究者（也是达尔文的表弟），他在19世纪70年代发起了一个雄心勃勃的项目，计划使用同一个相片底版，以相同坐姿拍摄的不同人像制作合成肖像，来对人进行分类。他认为自己能够确定两种肖像类型，它们代表了维多利亚时代所有罪犯的面孔。高尔顿是19世纪晚期科学风潮颅相学的主要倡导者，颅相学认为人的头骨形状和面部特征可以表现一个人的个性。

　　高尔顿后来承认，在他向伦敦警察厅提供一种基于指纹的识别方法前，他鼓吹颅相学这一做法是错误的。他证明，人与人之间的差异足以通过指纹来区分，但人与人之间的相似程度不足以证明，根据面部特征采取预防犯罪措施是合理的。高尔顿和其他人没能检测出非同一家族成员之间的身体相似性，而如今的各种生物识别方式的广泛使用反映了一个无可辩驳的事实：我们的身体确实不同。

但重要的问题并不在于从生理角度看我们有多相似或不同。毕竟，我们的生活质量主要是由我们人格的情感和道德维度决定的：情感维度影响着我们的兴奋和沮丧、大喜和大悲；道德维度对社会归属感的产生非常重要，而社会归属感是人类的重要需求。因此，重要的问题是，我们在这两个维度上有多相似？

我们首先可以从人类学的角度来看待人类，比较历史上的各种文化和不同民族。例如，对古代文化的研究表明，虽然不同的宗教表面上各不相同，但大多数都有相似的基本模式：在庙宇中供奉代表自然现象或与人类的基本生存体验相关的神灵。宗教的多样性在人类文化的发展中出现得比较晚。如果你有兴趣探寻关于这些过去模式的当代理论，可以查阅"集体无意识"——由心理学家卡尔·荣格（Carl Jung）创造的术语，用来描述全人类共有的无意识。

志同道合

2010 年发表的一项研究证实了一个假设：无论文化背景如何，人们的情感都是相似的。英国伦敦大学学院进行的这项研究将英国人与纳米比亚的辛巴部落成员进行了比较。该部落的两万名成员在与世隔绝的地理环境中过着完全原始的生活，没有电，没有自来水，也没有正规教育。主持这项研究的索菲·斯科特（Sophie Scott）试图回答这样一个问题：与愤怒、快乐、恐惧、悲伤、厌恶和惊讶等情绪相关的各种声音是否在来自不同文化背景的人之间互通。

研究方法是给两组参与者讲同一个故事，唤起他们的某种特定情感，例如，通过亲人去世的故事来唤起悲伤。然后，研究人员分别播放哭声和笑声，要求参与者指出哪种声音最能反映他们听完故事后的感受。辛巴部落成员的哭声和笑声被播放给英国参与者听，反之亦然——辛巴部落成员听到了来自英国人的哭声与笑声。结果发现，两组参与者都能辨别出声音背后的情感。

研究结果还表明，惊讶、愉悦、愤怒和恐惧等情绪是所有人共有的。我们与人类同胞共享大部分遗传密码，我们都有复杂的交流系统，用来向周围的人传达思想、意图和感受。肢体动作和面部表情通常可以在不使用语言的情况下传递信息。但是，这些表达可能因文化而异，在一种文化背景下被理解为示爱的动作，在另一种文化背景下可能会被视为性骚扰。

这些发现支持了之前的研究结果，即面部表情代表了许多文化中共有的基本情感。研究人员认为，尽管面部结构存在差异，但我们每个人都拥有面部表情肌肉，而面部表情能传达普遍可识别的情绪。研究人员发现，笑声代表了最普遍的跨文化共同点，他们将其归因于婴儿时期对搔痒的反应。这种声音在母婴愉快的交流中发挥着进化作用，研究人员在黑猩猩和其他灵长类动物的声音中也发现了这一现象。这些研究结果与达尔文的观点一致，即情感是人类进化的一部分。

杰西卡·特蕾西（Jessica Tracy）在 2014 年美国心理科学协会（APS）年度大会上的演讲中指出，表达自豪的肢体动作和面部表情也超越了文化、性别和种族。她认为，向他人展示自豪感是人类提升社会地位的基本机制。来自不同国家和文化的体育竞赛获胜者表达自豪感的方式都是相同的：面露微笑、高举双手并舒展胸廓。特蕾西研究了 2004 年雅典奥运会柔道比赛获胜者的肢体动作和面部表情，发现他们之间有很大的相似性。

研究人员在研究人类相似性的问题上取得了新的突破，他们发现残奥会盲人参赛者也会使用表现自豪的手势，而他们从未见过这些动作。研究人员称，表达自豪感的方式如此一致，世界上

89% 的人在地球上的任何地方都能识别这些动作。

对微小差异的自恋

2010 年，我参观了英国伦敦皇家学院一年一度的夏季展览，目的是做一个小实验，看看在购买艺术品这个在本质上属于情感主题的问题上，人们是更相似还是更不同。展览中特别适合实验的内容是雕刻和版画藏品。与油画和雕塑相比，这些作品的价格相对低廉，而且有大量复制品可供购买。

我用可比较项来定义各种版画的特点，如价格、尺寸、色彩、主题、抽象程度、艺术家的名气，甚至作品悬挂的高度等。接下来，我研究能否得出一个公式，通过比较版画的上述特征来预测其销售情况（每件作品下方都有小红点标记销售次数）。我希望发现人们品位的共同点，我选择的样本不少于 45 件艺术作品。

为了清楚地说明，我在下面附上了我在自己开发的业余模型中输入的某些数据：需求量最大的是英国著名且有争议的艺术家翠西·艾敏（Tracey Emin）的两件作品。第一件作品—— 一幅裸女蚀刻版画，她的脚下有三根男性生殖器——的 200 份复制品很快售罄。第一根生殖器正跳过跳高栏杆，另外两根则在排队等待。这幅画上写着："不知道它们为什么能跳得这么高"。第二件作品是一幅小蚀刻版画，画的是一只模糊的猫，色调偏蓝，苍白而无神韵。不过价格可以接受——280 英镑，创作者同样是翠西·艾敏。300 幅画也全部售出。人们购买这幅模糊的猫的蚀刻版画，是因为艺术家的名气，还是因为无辜的动物与淫秽的画作放在一起，为买家提供了一个表达明确道德立场的绝佳机会？

即使是对"黄金矩形"（几何图形中令人赏心悦目的特定长宽比例）一无所知的人也不难发现，展览现场的参观者始终偏爱长度大于高度的横向作品。此外，英国人对动物的痴迷也是显而易见的。兔子、狗和猫尤其畅销。当然还有狮子，我的计算公式将其按照大型猫科动物计算。刺猬则不在畅销之列——以刺猬为主题的三件作品连一份复制品也没卖出去。事实证明，画面中的运动也无关销量：在一件作品中，鹿群从天而降，其待售的 15 份复制品只卖出了 4 份。

在应用我开发的第一版公式时，一些影响购买者倾向的因素已经清晰地显现出来了。首要因素是价格。在夏季展览上，艺术品的价格低廉仍然是参观者做出购买决定的核心动机，价格的重要性超过了一切艺术价值。同样显而易见的是，主题模糊但并非真正抽象的作品很受欢迎，购买者认为这些作品忠实地反映了自己生活中无奈的不确定性。幽默的作品也很受欢迎。有一件作品是三名女性在卫生间门前排队的剪影，卫生间门上方还勾勒了相同的剪影，这件作品非常受欢迎，一共卖出了 60 份复制品。当然，尺寸也很重要。小件作品也很畅销。原因十分简单：小件作品很容易在墙上找到合适的位置，而且价格一般也比较便宜。

　　经过几个小时的工作和对数据的统计分类，我建立了一个多变量回归模型（感谢弗朗西斯·高尔顿，他开创了统计相关性），成功地估算出了展览中许多版画的销量。我对相当数量的艺术品和参观者进行的抽样调查表明，观众的品位是可以用统计数字来量化的，这表明人们有着共同的品位。但当我把我的发现告诉一位经营当代艺术品画廊的朋友时，她微笑着嘲讽道："不用科学家告诉我，我也知道，人们更喜欢庸俗的东西，尤其是便宜货。"

　　也许无须研究就能证实，我们心中都对廉价的庸俗作品情有独钟，但当我们阅读其他表达文化品位的榜单时，这一假设就变得没那么不言自明了。每一个稍有诚信的文学出版人都会承认，他无法事先预测哪本书会登上畅销书排行榜。即使是擅长迎合大众喜好的好莱坞电影行业，也无法预知当难以捉摸的观众拒绝买票时，耗资数千万甚至数亿美元的影片会失败。

　　今天我们知道，我们识别出某个熟悉的图案时所感受到的安全感，是进化心理学提供的重要益处之一。这可以追溯到远古时代，那时，如果能及早识别出代表捕食者威胁的图案，就意味着生与死的区别。在这种情况下，快速将人脸归为一般类别——而不进行具体区分——可以节省评估潜在威胁这一关键过程所需的认知资源。因此，举例来说，我们往往能在世界各地的人身上识别出很强的相似性。而另一种选择——对每个个体给予特别关注——则需要投入大量的情感能量，这将牺牲我们认为更重要的功能。

弗洛伊德创造了"对微小差异的自恋"（narcissism of small differences）这一说法，以定义我们在他人的行为（如着装或举止）中发现微小差异的能力。作家兼哲学家斯蒂芬·卡夫（Stephan Cave）在电子杂志《万古》（Aeon）上发表的一篇有趣的报道指出："作为社会性动物，我们不断地试图通过他人的行为中最微小的信号和差异来解读他人的情绪和意图。"这些差异被定义为"自恋的"，因为我们最终会将其与自己联系起来，从而帮助我们形成自己的身份认同。

对微小差异的自恋现象在相邻民族之间的竞争中也很常见，此时微小的差异会被放大，以强化它们彼此之间的区别。例如，除了在土耳其人和希腊人的眼中，土耳其咖啡和希腊咖啡其实没有任何区别。在古代，部落之间的竞争是对生存的真正威胁，识别微小差异的能力非常宝贵。然而今天，这种偏见只是模糊了民族间的巨大相似性，如果这种相似性得到适当的承认，将十分有助于改善民族之间的关系。

清晰度问题

即使我们每个人生来都是独一无二的，但具备社会独特性对我们大多数人来说仍然是无法实现的愿望。我们都同样渴望获得独一无二的社会地位，而且我们中的一些人愿意为之付出巨大的代价。许多消费品的广告，尤其是最为人乐道的那些，都旨在强化我们的特殊感。当然，这给广告商带来了一个悖论：他们声称，购买他们的产品会让我们变得与众不同，但如果他们的广告成功了，我们也只是众多购买者中的一员。

我们都认为自己很特别，这也正是我们如此相似的原因。这仅仅是一个清晰度问题吗？难道我们所有人在近距离观察下都是不同的，但从足够远的距离（和营销角度）看，却又非常相似，或者至少可以被归类为不同的群体？

也许，尽管我们对秩序有着原始的渴望，但自然界有其自身的逻辑：如果电磁现象有时可以作为能量，有时可以作为物质，那么为什么人类不能同时具有两种属性呢？前一刻，人们还在为成功的音乐演出自发地鼓掌；下一刻，人们已经开始调整自身，配合全场观众不断加速的掌声节奏了。

我相信，我们对爱、认可和社会归属感的基本渴望是相似的，但实现这些渴望的方式各不相同。我们都可以自由选择如何应对我们所面临的挑战，从而承担起自己不能与他人分担的责任。正是在我们的选择中，蕴含着我们真正的独特性。

尴尬的"财富"

　　"厚颜无耻",我写道,然后我点击了"发送"。这句不客气的话说的是一位知名商人,他要求我为一项服务支付额外费用,而在我看来,这项服务已经包含在我们的协议中。我把这封邮件发给了我的律师,但我没有注意到我点击了"回复所有人"——其中就有刚刚被我指责为厚颜无耻的那个人。紧接着,我就接到了一通电话,这时我才知道自己所犯的这个错误。对方问:"你写'厚颜无耻'是什么意思?"发问者不是我的律师。

　　尴尬的起源,就像上述例子中的尴尬,是无意中违反社会规则并导致消极自我感的行为。我们大多数人都会在无意间引起他人注意时感到尴尬。例如,当我们对自己的身体失去控制(滑倒、在公共场合打翻饮料或放屁),忘记别人的名字,或者被人拆穿心思时,我们都会产生这种感受。即使是那些在积极意义上引起过度关注的赞美,也有可能造成尴尬;它们破坏了我们熟悉的谦虚这一社会规范。

因此，尴尬的基本要素包括违反社会共识的行为、他人在场，以及我们给他人留下不好印象的感觉。容易感到尴尬的人享有较高水平的自我意识——他们中的一些人称自己深受其害。而且，与人们普遍认为的相反，这些人并不一定害羞或缺乏社交技巧。尴尬的表现形式包括勉强地微笑（仅嘴角上翘，皮笑肉不笑）、转移视线或凝视下方、紧张地大笑、摸脸，偶尔也会脸红。

20世纪中期，社会学家欧文·戈夫曼（Erving Goffman）率先讨论了尴尬在促进社会运转方面的重要性。他认为，尴尬表明个体希望维护每个社会的潜在规范。通过尴尬，人们宣称意识到了自己某种令人不快的行为，对此感到后悔，并承诺今后将遵守社会秩序。在戈夫曼看来，人们的生活是如此依赖于他人对自己的看法，以至于人们会尽其所能，以免偏离或违背社会期望。戈夫曼将世界视为个体表演的舞台，他认为，一个错误的音符——尴尬事件——可能会破坏整场演出。如果说"尴尬"一词的词根在罗曼语系的几种语言中是"障碍"的意思，那么在他看来，尴尬就是成功的面对面社交的障碍。

其他社会学家认为，戈夫曼对避免尴尬赋予的核心重要性——怎么说呢——有点令人尴尬，因此他们试图从其他方面讨论该现象。这些研究中的大多数都证实了尴尬在维持社会秩序中的作用，同时也解释了表现出尴尬的人在社交中会得到奖励。他们受到人们的喜爱，被人们认为值得原谅，而且比没有表现出尴尬的人更值得信赖。

关于这一主题的最新研究成果来自美国加利福尼亚大学伯克利分校。心理学博士生马修·范伯格（Matthew Feinberg）及其同事认为，尴尬是一种亲社会行为的表现——关心他人的福祉，希望避免伤害他人。也就是说，尴尬不再是一种非言语道歉或旨在恢复社会地位的和解姿态，而是一种真正的人格参照。在《人格与社会心理学杂志》（*Journal of Personality and Social Psychology*）上发表的一项研究中，他们声称，人们将尴尬的表现视为社会行为的证据、对维护社会规范的关注及对亲社会关系的承诺。因此，人们对尴尬的人做出的反应是，表达信任并希望与他们走得更近。

研究人员进行了一系列五项研究。在其中一项研究中，参与者被要求在摄像机前重现一个发生在自己身上的尴尬事件。另有一份问卷试图调查他们的社会价值观，并询问他们如何在自己和他人之间分配某些东西（如抽奖券）。结果表明，那些讲述了特别尴尬的故事并在面部表情上表现出更多尴尬的人，表现出更高的亲社会性，并在特定的经济游戏中对玩伴有更多的赠送行为。

研究人员希望研究他人是否以同样的方式看待经历尴尬事件的人。他们向一组新的参与者展示了第一次实验参与者的尴尬视频中的四张图像，并要求新的参与者评估受访者的亲社会行为水平。这些旁观者认为，在故事中及在镜头前的表情上表现出更多尴尬的人具有更强的亲社会性。这里的亲社会行为与慷慨、合作、正直、值得信赖和遵守社会行为规范等特质高度相关。旁观者也表示更愿意与表现出更多尴尬的人建立社会关系。

就尴尬的表达方式而言，脸红——脸部和颈部血管的不自主扩张——似乎占有特殊的荣誉地位。在这方面，好消息来自荷兰。心理学家科琳·戴克（Corine Dijk）领导的研究团队发现，脸红还具有重要的社交功能。违反社会规范或遭遇其他尴尬事件的人，如果脸红并表现出达尔文所称的"所有表情中最奇特、最人性化的一种"，就很可能得到他人的原谅。

虽然语言或行为并不总是判断个人情感的可靠证据，但数十万年的进化让人类学会了依靠无意识的表情成功地预测未来的行为。脸红和哭泣一样，是不受人类控制的特质，因此也是和解与社会善意的可靠心理标志。

荷兰研究人员在杜撰的"社会违规行为"（例如，因参加聚会而错过葬礼、肇事逃逸）中附上了女性的面部照片。他们要求参与者根据各种评分标准对这些女性进行评估和打分，评分标准包括参与者对此人的总体印象、同情程度、可信度，等等。研究人员还用计算机让照片中的部分女性显露出明显的脸红。结果显示，参与者对这些脸红的女性更有好感，认为她们更值得信赖。研究人员得出结论，脸红是一种有益的身体信号，具有保全面子的功能。因此，在这类情况下掩盖脸红或尽量不脸红似乎是不明智的。如果我们相信研究人员的论断，那么尴尬和脸红就是一种品质的标记，是个体人格的证明，值得他人把宝贵的情感和物质财富托付给他。仔细想想，这还真有点令人尴尬。

信任游戏

信任与可信度的自我强化循环。

近 40 年来，我一直在进行一项研究，研究结果对我来说非常重要。我试图确定信任他人是否值得，或者更准确地说，在什么情况下（如果有的话），我们应该在与陌生人交往时冒物质或情感风险？行为科学家有自己的方法解决这个耐人寻味的问题，但我固执地认为，一般的生活经验，尤其是商业经验，同样可以给我们以启迪。毕竟，如果 40 多年的人际交往不是每个研究人员都会认为具有代表性的参与者样本，那又能是什么呢？

在漫长的岁月里，我施与过，也接受过，买过，也卖过，却没有得出一个明确的结论。那些并不欠我什么的人，对我展现了只有家人才有的人情味；而亲近的朋友和其他我特别慷慨对待的人，对我甚至连简单的感谢之词都没有。我还停留在起点。很明显，我可以信任某些我熟悉的人，但事先的熟悉并不符合科学研究最基本的要求：参与者必须对研究者完全陌生，对研究主题一无所知。

作为一个年轻时选择放弃学术，转而投身商界的人，我已经接受了这样一个事实：我可能永远也找不到关于信任这一重要问题的可靠答案。直到近 20 年前的一天，发生了一件事。那天晚上，我的妻子不得不取消和我一起去剧院的计划，因此我多出了一张票。由于我们想看的那场演出很抢手，而且我们预订了非常好的座位，因此我觉得我可以很容易地卖掉当晚演出的票。演出开始前 20 分钟，我来到售票处，发现生活比我想象中的要复杂得多。

如果你想在演出当晚卖票，你也可能会发现售票处几乎总是有未售出的票。即使座位不太好，也能满足大多数观众的需求。那天晚上，我没能卖出那张多余的票，我在想当时我是否可以做些什么来推销。

剧院大厅就是实验室

除了略感失望之外，我突然意识到，这种有趣的情况如果能重复出现，或许可以为我的问题提供答案。这些年来，类似的情形出现过很多次，通常都是因为有人出差，于是就形成了一种惯例：我站在售票处附近，以低于票面价格出售门票，但不还价——"要就买，不要就算了"。即使潜在的买家愿意支付略低于我的要价的价格，我也不会让步。在这种情况下，我卖不出票，而潜在买家只能寄希望于售票处还有更便宜的票，哪怕座位不那么好。

我时不时地改变我的打折力度，并一丝不苟地记录结果，就像有志于开展自己的小型研究项目的人一样。结果相当令人失望，我所能收回的平均回款甚至还不足我出售门票票价的一半。

几个月前，我突然看到了曙光。那是一场很受欢迎的舞蹈表演，我和熟悉的售票员面对面，她怜悯地朝我笑了笑。这时，一位年轻女士从寒冷的室外冲了进来。她一边摘下羊毛帽子，解开厚厚的大衣纽扣，一边快速扫视售票处附近的区域，注意到我伸出的手里拿着的票。"多少钱？"她问。"你看着给就行。"我回答道。在最初的惊讶过后，她看了一会儿票，掏出钱包付了票面上的价格。很明显，我发现了一点东西，但究竟是什么让这次交易如此与众不同呢？

行为科学家试图使用游戏来回答我提出的问题，并在实验室里分析游戏结果。其中最为人所熟知的是"最后通牒游戏"（Ultimatum Game）。与我研究的情况一样，这个游戏也是基于两位玩家之间的"一次性交易"，而这两位玩家互不相识，并且无法通过他们在一系列交易中的行为模式建立"信誉"。

即使以"两列火车同时离站"开头的数学题会让你感到恶心，我还是建议你阅读以下两个游戏。它们提供了一个相对简单的思维练习，带来了重要的启示。

最后通牒游戏的玩法如下：两位互不相识的玩家通过掷硬币进行竞争。例如，赢家（提议者）获得 100 美元，他必须决定分给另一位玩家多少美元（如果他打算分享的话）。如果输家（响应者）接受了提议，赢家将保留 100 美元减去其分享的部分，减去的部分则交给输家。如果输家选择拒绝接受提议，那么双方都不会得到一分钱。双方都清楚游戏规则。

回想一下我与希望在演出当晚购票的文化爱好者的短暂接触的本质，你就会意识到，我的个人实验试图探究的主要人类特质是信任——在这种情况下，是陌生人之间的信任。我手中的门票相当于"赢得"的 100 美元，而我在原票价的基础上提供的折扣就是我为了卖票而愿意放弃的金额。如果潜在购票者选择拒绝我的报价，那么我就只能留着卖不出去的票，而潜在购票者则不得不去售票处另买一张，或者在售罄的情况下错过演出。当我以折扣价提供门票时，我冒着经济和情感上的"风险"，即折扣不能满足购票者的需求，我的报价会被拒绝，那张门票仍然留在我手中。这种风险正是信任定义的核心。

数百项基于最后通牒游戏的信任研究表明，提供的金额取决于出价者的性别、双方的文化背景、教育程度、血液中的睾酮水平及其他变量。（令人惊讶的是，所出金额的大小并不是变量之一。）

然而，显著因素是参与者的一般信任水平。在这些实验中，大多数参与者都提供了所赢金额的 40% ～ 50%。在游戏中，一半的输家在收到少于 20% 的金额时会轻蔑地拒绝。

最后通牒游戏最初开发于 1982 年，旨在证明人类行为并不总是理性的。对风险的厌恶、对"公平出价"概念的主观感知及歧视意识，都是可能阻碍个体做出经济学家所认为的理性经济行为的人性特征。从纯粹的经济学角度来看，赢家应该尽可能少给钱，而输家则应该给多少要多少。

最后通牒游戏仍然是人际信任研究中最常用的工具。它基于这样一种假设，即我们每个人信任他人的程度，甚至我们自己的可信度，都是固定的特质，很少随环境而改变。这个游戏有很多应用，但它无法解释发生在剧院大厅的、有人以全价购买我手中的票的恩典。为此，我们需要另一个游戏：信任游戏。

信任游戏也是让两位素不相识的参与者配对，进行一次性接触。掷硬币的赢家（玩家 A）获得 100 美元，赢家必须决定与另一位参与者（玩家 B）分享多少金额（如果他愿意分享的话）。实验者承诺将这笔钱翻三倍（由实验者支付），因此玩家 B 实际得到的钱将是玩家 A 愿意放弃的钱的三倍。在游戏的下一阶段，也就是最后阶段，玩家 B 必须决定自己愿意把三倍金额中的多少钱送还给玩家 A。两位玩家都完全了解游戏规则。

假设你是玩家 A，刚刚赢了 100 美元。你会给玩家 B 多少钱？假如你给玩家 B 50 美元，对方将得到 150 美元（记住，实验者会将赢家提供的金额翻三倍）。如果玩家 B 决定与你平分这笔钱，你最终将得到 125 美元（50 美元 +75 美元），比开始时多了 25 美元。如果你给玩家 B 33 美元，对方将得到 99 美元。如果玩家 B 决定返还 30 美元给你（事实上，这个游戏中的平均返还率为 30%），那么你对玩家 B 的信任将得不到回报。如果你决定把 100 美元全部给对方，表示完全信任他，你就可以把"蛋糕"做大到 300 美元。如果玩家 B 也对你表示信任并平分这笔钱，那么你们每个人最终会得到 150 美元。

那些决定只分享部分奖金的人发现，他们对对方的信任只能带来微薄的红利（如果有的话）。但是，25% 的赢家选择完全信任对方，将奖金全部转出，他们会发现，只要完全信任，就会有回报，正如那天晚上我在剧院大厅让购票者决定票价时所发现的那样。事实证明，你的可信度并非固定不变。相反，它会根据他人对你的信任程度而变化。信任会提高可信度，随着他人对你的信任程度的提高，可信行为会进一步增加。

信任是长寿的灵丹妙药

2015 年发表在《心理科学》（*Psychology Science*）杂志上的

一篇文章提供了该领域最新研究的一些见解，其中包括信任有益于健康的证据：以高信任水平为特征的人在情绪和身体上都更加健康。其中一项研究甚至断言，信任他人的人比多疑的人更长寿。信任他人的人也更愿意暴露自己的脆弱，因为他们期望从他人那里得到积极的回应，或者相信他人的意图是真诚的。

这篇文章的作者保罗·范·兰格（Paul Van Lange）从最近的研究中汲取灵感，调查了遗传和文化因素对信任发展的影响。如今，我们知道遗传是影响精神分裂症（80%）、外向性（至少40%）甚至离婚或政治倾向（约25%）的主要因素。因此，研究遗传因素是否会影响个体的信任程度也就顺理成章了。但根据研究结果，信任与遗传之间的相关性很低，只有 10% ~ 20%。（研究考察了同卵双胞胎之间的信任水平，并将其与异卵双胞胎之间的信任水平进行了比较。）

范·兰格认为，我们正处在一个信任程度下降的时代。他认为，除了童年经历在我们的发展中起着核心作用这一传统观点外，后来的经历对信任的影响也不小。家中失窃、当权者的虐待或意外失业都是破坏信任的重大经历。

童年期后，影响我们信任水平的经历包括我们对媒体和社交网络信息的消费，以及这些信息的性质，它们有时是批判性的、负面的，有时甚至是居高临下的。针对负面情绪席卷我们这一时代而开展的研究列举了一系列削弱我们相互信任的现象，包括我们在涉及诚信和亲社会行为的问题上对他人的优越感，以及我们越来越倾向于认为他人的行为出于私心。

尽管如此，范·兰格还是得出了乐观的结论。尽管我们用于检视现实生活的媒体和社交网络过滤器正在侵蚀我们的信任，但"适度的信任确实会在社会生活中产生良好的结果"，这一点仍然是正确的，它主要体现在与我们并不熟悉的人的互动中。我们通过与亲朋好友的接触，以及在较小程度上，通过与同事和陌生人的接触，来调整我们的信任水平。

"一堵高墙"在阻碍我们贯彻这一关于信任重要性的见解。我们发现，近几十年来，世界上的信任水平有所下降。衡量社会信任水平的常用指标是，同意"大多数人都值得信任"的受访者与认为"对人再谨慎也不为过"的受访者的比例。（其他指标追踪公民对政府、警察、媒体和法院等各种社会机构的信任程度。）在过去的 70 多年里，一些西方国家的信任水平急剧下降了 50%以上。这一现象被普遍归因为媒体的渗透性，主要是电视的重大影响。

即使是那些在 20 世纪 40 年代将丘吉尔（Church）视为受人尊敬的领袖的人，如果每天晚上在电视上看到他衣着邋遢（很少在中午前起床）、经常喝得醉醺醺、在许多言论中带有种族主义色彩的样子，也可能会改变对他的看法。据一位消息人士透露，如果人们知道他的重要讲话是由一位才华横溢的演员替他朗读的，那么人们对他的演讲的赞赏态度也会发生变化。假如这还不够，那么试着想象一下，电视上有一个专家小组在分析丘吉尔的军事决策。

丢在日本的钱包

然而，问题并不局限于某位领导人的形象。由于社会信任水平被视为社会资本的可靠指标，许多国家信任水平的急剧下降影响了以经济增长为首的一系列问题。

不同国家的信任水平存在很大差异，这给人们带来了一些希望，希望自己并没有失去一切。这种差异或许表明，文化特征可以阻止信任这一重要社会资产遭到侵蚀。在一项研究中，研究人员在世界各地的首都城市的人行道上"遗失"了钱包，看看路人将钱包归还给失主的可能性有多大。

研究人员发现，在东京、赫尔辛基或奥斯陆更可能找回丢失的钱包。在一项类似的研究中，研究人员调查了在世界的不同城市中，未上锁的自行车需要多久会失踪。爱德华·C.班菲尔德（Edward C. Banfield）在 20 世纪 50 年代末研究了意大利南部和北部之间的巨大经济差距，他将这种差距归因于意大利两地信任水平的巨大差异。社会信任水平最终反映了我们相对确定地预测陌生人行为的能力。当对方也是潜在的商业伙伴时，信任可以鼓励商业活动或联合投资，从而成为许多国家经济成功故事背后的一个难以捉摸的因素。

说到移民问题，我们发现一个国家的同质性越高，信任水平就越高。史前祖先的生存需求赋予了我们一种心理过程，使我们能够识别与我们相似的"他者"，并信任他们。在同质化的社会中，与我们相似的人很多。另一个发现是，歧视少数族裔的国家损害的是全体公民的信任水平，而不仅仅是受歧视的少数族裔的信任水平。

为了防止有人出于经济或政治利益利用我们，有所提防是必不可少的，但我们也需要适当的信任，避免在怀疑他人的动机或可信度的重压下不堪重负。没有令人不安的怀疑，信任他人的人更快乐、更健康，甚至如前所述，更长寿。信任是我们在社群中与他人合作的能力基础，这不仅是为了我们自己的福祉，也是为了整个群体的利益。因此，在信任水平高的社会中，社会惩罚更有效也就不足为奇了。

如果你赞同一个观点，即我们应该向有经验的人学习，那么值得注意的是，研究发现，个体的信任水平并不会随着年龄的增长而下降，甚至还会有所上升。我们的生活经验告诉我们，信任他人能提高我们建设性地解决问题的能力，提高人际关系的稳定性，并使我们有时能对他人的无心之失予以宽容。

但最重要的是，正如那天晚上我在剧院大厅的"即兴实验室"里发现的那样，如果我们冒着风险，充分信任他人，对方很可能就会给我们带来惊喜，并以同样的方式回敬我们。有时，我们会得到全价票款，仅此而已；但有时，我们可能会得到值得信赖的商业伙伴，甚至是可以与我们共享合作、健康和长寿人生的伴侣。

美好的竞争开始了

竞争伴随人类始终——竞争对手占据着我们内心深处的一部分，激励我们取得最大的成就。

1832 年 5 月 25 日，约翰·康斯特布尔（John Constable）正忙着为他的杰作《滑铁卢大桥的开通》（*The Opening of Waterloo Bridge*）做最后的润色。作为英国 19 世纪最伟大的风景画家之一，他已经为这幅画工作了十多年，终于要在第二天的皇家艺术学院第 64 届年展开幕式上向世人揭开它的神秘面纱。他的作品旁边挂着约瑟夫·马罗德·威廉·透纳（Joseph Mallord William Turner）的《海景》（*Helvoetsluys*），透纳本身也是一位艺术天才。看着康斯特布尔最后一刻还在努力，透纳决定为自己的作品添上一笔：一个漂浮在水面上的红色浮标。

在灰蒙蒙的天空和大海的映衬下，那一抹红色是如此吸引人，以至于观者无法将视线从它身上移开，当然也不会去看康斯特布尔的作品。这是两位艺术家之间激烈竞争的又一个里程碑。在此前一年，康斯特布尔利用他在展览委员会中的地位，将透纳的作品取下并挂在了一个侧厅，取而代之的是他自己的作品。

　　在创意巨匠史诗般的竞争中，透纳和康斯特布尔的竞争并非孤例。19 世纪 80 年代，托马斯·爱迪生和尼古拉·特斯拉（Nikola Tesla）都发明了电气系统。史蒂夫·乔布斯和比尔·盖茨都是计算机时代的先驱，两人针锋相对。夏洛克·福尔摩斯（Sherlock Holmes）和莫里亚蒂（Moriarty）教授，以及蒙太古家族和凯普莱特家族，都是西方历史上著名的对手，无论是真实的还是虚构的。如果你在谷歌上搜索任何名人加上"对手"一词，你会找到一些有趣的结果。

　　把对手关系看作一种由相互迷恋驱动的超强竞争，被称为"对手"的双方推动彼此取得螺旋式上升的成就，并在对方身上投入更多的精神和情感资源，这一切在通常情况下不会主动发生。2014 年，美国纽约大学的心理学家加文·基尔达夫（Gavin Kilduff）在两组由大学生和跑步者参加的研究中发现，对手往往具有相同的年龄、性别和社会地位。真正的对手相互了解，事实上，他们往往有着漫长而纠缠不清的历史。顾名思义，被称为"对手"的双方是势均力敌的，但他们的成就水平越高，就越能推动彼此前进。

　　竞争是一把双刃剑：它不仅会提升成就感，有时还会让人们做出不道德的行为，如撒谎、欺骗或偷窃。在一系列研究中，基尔达夫发现，那些被激发竞争意识的人更容易做出不择手段的行为，也更容易在认知任务中夸大积极结果。竞争可以解释行业最高层的丑闻和渎职行为，甚至可以解释经济崩溃背后的一些风险行为。

竞争的社会戏剧性，伴随着敌意和攻击性，掩盖了更深层次的潜意识动力。我们可能会认为宿敌与我们截然相反，但正如基尔达夫的研究所示，我们的对手比我们敢于承认的更像我们。虽然这似乎是反直觉的，但竞争其实对我们有好处：承认对手与我们有着相同的最本质特征，无论好坏，都能帮助我们提升自己的水平，获得实现更大成功所需的洞察力。

奥逊·威尔斯（Orson Welles）在其电影《第三人》（The Third Man）中总结了这一观点："在意大利，在波吉亚家族统治的30年里，有战争、恐怖、谋杀和流血，但他们造就了米开朗琪罗（Michelangelo）、列奥纳多·达·芬奇（Leonardo da Vinci）和文艺复兴。而在瑞士，那里有兄弟之爱——拥有500年的民主与和平，而这带来了什么？布谷鸟钟。"虽然这听起来有些愤世嫉俗，但艺术史学家却倾向于同意这种观点：文艺复兴源自两位艺术家对成为佛罗伦萨洗礼堂（Florence Baptistery）青铜门设计者这一机会的争夺。1401年，布匹进口商行会宣布为这座佛罗伦萨最古老的建筑设计一套大门，诗人但丁（Dante）和著名

的美第奇家族成员都曾在这里受洗。23 岁的洛伦佐·吉贝尔蒂
（Lorenzo Ghiberti）赢得了第一名，击败了比他更有名气的对手
菲利波·布鲁内莱斯基（Filippo Brunelleschi）。让吉贝尔蒂获胜
的设计开创了一种新的艺术风格，更自然，更强调透视和主体的
理想化。虽然他又花了 21 年才完成这项任务，但这一插曲却掀
起了一场竞争狂潮，成为文艺复兴时期的标志。

实际上，文艺复兴时期最重要的艺术成就都发生在罗马、佛
罗伦萨和威尼斯之间的狭小地带，当时那里的人口只有几十万。
基督教世界中最大的圆顶教堂之一 ——佛罗伦萨百花大教堂，
人体的写实表现，以及绘画中的线性透视，都是在文艺复兴时期
的布鲁内莱斯基（1377—1446 年）、达·芬奇（1452—1519 年）、
米开朗琪罗（1475—1564 年）和拉斐尔（Raphael）（1483—1520
年）等巨匠的竞争中产生的。

根据与他们同时代的艺术史学家乔尔乔·瓦萨里（Giorgio
Vasari）的说法，当时精英艺术家之间的竞争非常普遍。文艺复
兴时期的罗马是所有有志于为梵蒂冈——当时最大且几乎是唯
一的雇主——工作的能工巧匠的家园。在这样一个受限的环境
中，竞争的激烈程度自然不言而喻，而由此产生的艺术作品至今
仍悬挂在世界顶级的博物馆中。将不同艺术家的作品并排展出以
比较技法和风格的做法，自然给每位艺术家增加了压力。拉斐尔

达到了新高度，他受教皇利奥十世（Pope Leo X）的委托，设计了十幅壁毯画，悬挂在西斯廷教堂（Sistine Chapel）米开朗琪罗绘制的神圣穹顶下。他的作品受到了所有人的称赞，除了米开朗琪罗。

这并不出人意料。这位著名的雕塑家和画家的脾气也是出了名的暴躁。当年轻英俊的拉斐尔初到罗马并很快受到教皇尤利乌斯二世（Pope Julius II）的委托时，米开朗琪罗便视他为劲敌，并一再指责他剽窃。有一次，米开朗琪罗在隔板后面创作他的天花板杰作，目的是不让拉斐尔看到。拉斐尔也不是缩头乌龟，他想方设法地看到了这幅作品，并在后来创作的壁画《雅典学院》（*The School of Athens*）中加入了一个直接取自米开朗琪罗作品的人物坐像。由于这些阴谋诡计，这两位巨匠之间的竞争成了西方艺术史上最著名的竞争之一。

直到 16 世纪末科学学会成立，重大的科学竞争才开始出现。牛顿和莱布尼茨（Leibniz）之间的激烈斗争或许是早期最引人注目的事件，他们都声称自己是第一个发明微积分的人——今天人们普遍认为微积分是他们各自独立发明的。这场斗争造成了英国数学界和欧洲数学界之间的巨大裂痕，以至于一个多世纪以来，它们之间几乎没有任何科学知识的交流。

18 世纪初，牛顿为了争取微积分的优先发明权不择手段：

1712 年，伦敦皇家学会（Royal Society of London）发表了一份文件，授予牛顿微积分发明的所有权，并诋毁莱布尼茨。然而，人们在阅读这份文件时应该特别谨慎，因为牛顿是当时的学会主席，他亲自任命了所有委员会成员，甚至亲自撰写了这份文件的大部分内容。两位数学巨匠从未见过面，人们也不清楚莱布尼茨是否接触过牛顿的工作。人们只能想象，如果他们在公共平台上进行富有成效的思想交流，将会如何促进微积分的引入，推动随后的科学发展。

19 世纪法国散文家约瑟夫·朱伯特（Joseph Joubert）说："争论或讨论的目的不应该是胜利，而是进步。"一旦新的学会及其出版物让人们更容易获取信息，科学家、研究机构甚至国家之间的竞争就会开始推动新的发现。新闻界对这些戏剧性事件的兴趣使科学更多地曝光于公众视野。在一个著名的案例中，托马斯·赫胥黎（Thomas Huxley）和理查德·欧文（Richard Owen）这两位 19 世纪英国著名生物学家之间的争论，让聚光灯对准了达尔文的进化论，当时这一理论还鲜为人知。

近年来，最激烈的科学竞争之一在古人类学家唐纳德·约翰逊（Donald Johanson）和理查德·利基（Richard Leakey）之间爆发，起因是一些最古老的古人类化石的发现。约翰逊发现了大约 320 万年前的"露西"（Lucy）骨架，而利基则发现了"图尔卡纳男孩"（the Turkana boy），据信比"露西"年轻 150 多万年。两位发现者都将其发现视为人类和猿类之间众所周知的"缺环"。即使在科学界，他们的公开决裂也是引人注目的。自 1981 年以来，这两位研究人员一直拒绝同台发表意见，但最终，2011 年 5 月，在纽约美国自然历史博物馆举行的一场备受关注的活动中，他们终于在台上碰面，解释了各自的立场，并接受了采访。在此前 30 年，就是在这里，他们的观点纷争首次爆发。

30 年后，他们变得更老成、更睿智了，他们真诚地表示希望将自己的研究结果与自从他们结怨以来的许多重大发现结合起来。此外，他们还清楚地认识到两人的研究是如何互补的：虽然利基发现了大量化石，但约翰逊更擅长解释他的发现。

整个社会和社会群体也可以相互竞争。吉姆·麦克莱恩（Jim McLean）在一首民谣中写道："残酷的大雪席卷了格伦科，覆盖了唐纳德的坟墓。"这首民谣讲述的是苏格兰血腥历史上最残酷的事件之一。格伦科大屠杀发生在 1692 年 2 月的一个清晨，英国当局将其视为对格伦科的麦克唐纳氏族未能宣誓效忠威廉和玛丽（英格兰、苏格兰和爱尔兰的新共治者）的惩罚。38 名男子被住在他们中间的英国士兵杀害，40 名妇女和儿童在家中被烧死或后来死于饥饿。麦克唐纳氏族认为，这次大屠杀是坎贝尔氏族的复仇行动——鉴于两个氏族之间的冲突由来已久，这种说法在一些人中引起了共鸣。这种激烈的氏族竞争始于 14 世纪，并以不同的形式延续至今。

竞技体育中也充满了竞争。格拉斯哥的足球迷可以支持流浪者队或凯尔特人队，这是上文提到的苏格兰氏族战争的升华。没有什么能比得上 1969 年"足球战争"后，萨尔瓦多向洪都拉斯宣战的狂热。虽然真正的原因是经济问题，但两队球迷在国际足联世界杯预选赛上发生激烈冲突时，双方的情绪首次爆发。1969 年 6 月 26 日，决定性的第三场比赛在墨西哥城举行。经过加时赛，萨尔瓦多队以 3：2 获胜。同一天，萨尔瓦多解除了与洪都拉斯的所有外交关系，不到三周后，两国便爆发了战争。

虽然部落忠诚在某些科学竞争和国家竞争中发挥了一定作用，正如一些故事所反映的那样，但它无法解释许多其他的历史竞争。为此，许多人试图揭示科学或现代企业家精神中伟大竞争的共同点。一个有趣的发现是，许多为优先权和名声而战的人在童年时期都缺少父亲或母亲的陪伴。

2006 年，我协助以色列特拉维夫大学的存在主义心理学家兼哲学家卡洛·斯特伦格（Carlo Strenger）研究以色列高科技企业家的特点。我们共同撰写的这篇论文名为"达芬奇效应"（The Leonardo Effect），其灵感来自弗洛伊德在 1910 年发表的一篇文章，文章中讨论了缺少父亲的成长经历如何影响了达·芬奇的早期发展。我们的研究一致发现，许多男性企业家倾向于认为他们的父亲软弱、低效、虐待或缺位。我们用"父爱缺乏"（fatherlessness）来形容这种现象，正是这种现象促使一些高科技奇才走向成功，因为他们很早就学会了成为自己的父亲。这份杰出的名单包括牛顿、达尔文、拉瓦锡（Lavoisier）和甲骨文公司（Oracle）创始人拉里·埃里森（Larry Ellison），他是比尔·盖茨在 20 世纪 90 年代的竞争对手。

当人们为竞争对手兴奋不已时，是否存在更深层次的原因？美国科学史学家弗兰克·苏洛威（Frank Sulloway）在《生而叛逆：出生顺序、家庭关系和创造性生活》（*Born to Rebel: Birth Order, Family Dynamics, and Creative Lives*）一书中指出，最有竞争力的对手通常是长子。苏洛威以进化论为依据，认为有限的父母关注资源是兄弟姐妹竞争的根源。长子利用其体型和力量优势来维护自己的地位，更有可能在身体或智力领域展开竞争。年幼的兄弟姐妹则倾向于破坏现状，形成叛逆的性格。在一项特别细致的研究中，苏洛威分析了 18 世纪和 19 世纪近 4000 名研究人员和科学家的传记，其中包括 83 对兄弟姐妹。他发现，弟弟妹妹支持创新理论的可能性是长子的 7.3 倍。但长子参与竞争的概率是弟弟妹妹的 3.2 倍。你猜对了：牛顿和莱布尼茨是家中的长子。透纳是哥哥，康斯特布尔的哥哥是智障人士，所以成功的重任落在了他的身上，他也像长子一样。

当然，原型就是该隐，他犯下了《圣经》中第一起出于嫉妒的谋杀案。爱尔兰原都柏林理工学院在 2012 年对手足关系进行的一项综合研究发现，尽管大多数人都支持自己的兄弟姐妹，但也有一些人表现出竞争的迹象，甚至近乎彻底的敌意。鉴于西方以成就为导向的文化，三分之一的兄弟姐妹表示彼此存在竞争和情感距离，15% 的兄弟姐妹甚至互不交谈，这一点应该不足为奇。当兄弟姐妹的年龄差距较小、性别相同，或者其中一方具有智力天赋时，手足之间的竞争就会加剧。

然而，这些解释仍然缺少了点东西。人们不会对科学、体育或商业产生那么强烈的情感，只有个人事务才会真正让人们兴奋。既然如此，还有什么比我们自己更个人化的呢？

分析心理学的创始人、心理学家卡尔·荣格对竞争进行了特别深刻的探讨，他说，我们与对手之间的共同点比我们愿意承认的要多得多。对手身上能引起我们敌意的特质，恰恰是我们自己想要压抑的特质：软弱、焦虑、贪婪、攻击性、欲望和粗鲁，这些都是常见的例子。荣格将这一系列特质称为"阴影"（the shadow）。

根据弗洛伊德的理论，我们会否认自己不愿意承认的冲动的存在，并将其"投射"到他人身上，以此来保护自己。这使我们将实际上属于自己的品质、意图和欲望归于他人。根据荣格的观点，这种冲动深埋在我们心灵的"阴影"部分。我们对内心的阴影认识越少，它就会变得越黑暗、越深重。

如果我们把自己"阴影"中的特质投射到潜在对手身上，当对手的行为与我们相似时，我们就很容易陷入激烈的冲突中。更糟糕的是，如果没有对手，我们可能会觉得自己缺乏独立的存在感，沉浸在自己"阴影"的黑暗中。

荣格的"阴影"概念为我们的对手和我们自己之间的关系增添了新的维度。根据荣格的观点，我们的"人格面具"是我们希望成为的样子，也是我们希望世界看到的样子，即我们与他人见面时的社交面孔。"自我"是我们有意识的"我"，而"阴影"则是隐藏在社交面具背后的阴暗面，我们宁愿将其忽视和压抑。一旦我们长大到能够理解周遭的文化习俗，我们就会选择那些被社会所接受的"我"的部分，并将其归类为"自我"，同时压抑在社会上不受欢迎的特质——将它们转移到阴影中，在我们不知道的地方继续存在。这些特质通常是负面的，但也可能是正面的。它们甚至可能是高贵的品质，但在特定的社会或文化环境中却不被重视。任何设法控制自己的"阴影"并对其有清楚了解的人，都可能会惊讶地发现，"阴影"中不仅有可耻的品质，也有一些特别积极的品质。

荣格称，"自我"与"阴影"同源，并保持着完美的平衡：我们人格中的意识部分越清晰，我们的"阴影"自我也就越明确。反之亦然：不加控制的"阴影"会对精神造成严重破坏。

从你的阴影中找出你一生的对手——你的愤怒之源，也许也是你的创造力之源。如果你对某个人有特别强烈的负面反应，认为他是个十足的混蛋，那就再想一想。这可能是你的"阴影"在起作用。

荣格的朋友爱德华·贝内特（Edward Bennett）在《荣格真言》（*What Jung Really Said*）一书中对此进行了详细的阐述。他将这种现象描述为一种直觉反应，它将我们的情绪来源投射到他人身上，通常是通过尖锐的批评或直接的指责。当我们憎恨某个人时，我们憎恨的是他身上属于我们的某些东西；如果我们没有在潜意识中认识到对方身上有我们自己的特质，我们就不会太在意它们。

把我们的阴影投射到他人身上总是比承认和控制阴影要容易得多。当他人把他们的阴影投射到我们身上时，就会鼓励我们把自己的阴影也投射到他们身上，除非我们意识到发生了什么。但是，抵御这种动力学关系需要非同寻常的自我意识——即使对聪明人来说也是如此。我们为什么要抗拒呢？在荣格看来，阴影是创造力的源泉。在《拥抱阴影》（*Owning Your Own Shadow*）一书中，美国著名荣格学派作家和分析师罗伯特·约翰逊（Robert Johnson）解释了为什么特别有创造力的人之间往往会爆发竞争："狭隘的创造力总会带来狭隘的阴影，而更广博的才能会召唤出更多的黑暗。"你越有创造力，你的竞争对手就越多。竞争越激烈，你取得卓越成就的机会就越大。

湖之卫士

调动个人利益保护社会资本。

5% 的人无法从音乐中获得任何乐趣。西班牙巴塞罗那大学的研究人员在为一项旨在评估听音乐对情绪影响的研究筛选参与者时惊讶地发现，每 20 名候选人中就有 1 名对播放给他们的旋律没有生理反应，他们的家中没有任何类型的音乐播放设备，也不用计算机听音乐。同样比例的人群（5%）是色盲或有食物过敏症。

大自然赋予人类奇异的特性，包括重要的个人特质，而其分配的方式令人着迷。每 20 个美国人中就有 1 个人患有严重的心理疾病，如精神分裂症、持续性抑郁或双相情感障碍。因此，另一项研究发现，几乎每 20 名企业高管中就有 1 名可能是精神病患者，也就不足为奇了。1：20 这一比例在反映个人选择时很有启发性：当你的选择属于那 5% 时，无论好坏，你都是特殊的，但你并不孤单。每 20 个美国人中就有 1 个人选择吃素，每 20 个人中就有 1 个人——显然不是同一个人——选择相信本·拉登（Bin Laden）还活着。

心理学中的"大五人格"（我们已经在"我见过快乐的保守派"中讨论过）将人类的行为归因于人类基本特征的五个维度（对体验的开放性、尽责性、外向性、宜人性和神经质）的组合，并认为我们可以通过对自己的每种特质进行评级来定义自己的个性。尽责性代表了我们努力工作、集中精力和承担责任的意愿，简而言之，就是我们认为那些"认真的人"所具备的所有品质。

当我们审视社会责任和个人责任（我们的价值观、尽责性和意志力的体现）时，我们发现支持 1 : 20 这一比例的证据来自意想不到的方向。例如，每 20 个人中只有 1 个人在上完厕所后会正确洗手。美国密歇根大学的研究人员观察了 3749 名公共卫生间的使用者，震惊地发现 10% 的人根本不洗手，三分之一的人不使用肥皂，只有 5% 的人愿意使用肥皂洗手 15 秒以上，这是消灭细菌和各种污染物所需的时间。（顺便提一下，在个人卫生习惯方面，女性比男性更严格。）

通过节食减肥并长期保持较低体重的人口比例也是 1 : 20。在缺乏鼓励器官捐献的立法或特别计划的西方国家，有 5% 的人是器官捐献者。如果让我猜的话，大概每 20 个人中就有 1 个人立遗嘱，对自己一生积累的财富和留下的遗产负责。

试想一下，一个社会的社会资本池和人际信任水平就像一片鱼类资源有限的湖泊，而这个社会中的每个人都是生活在湖畔村庄中的渔民。这就不难理解，为什么村子的未来需要限制居民进行捕捞——为了防止鱼群数量下降到危险的程度。超配额捕捞的渔民会显著改善自己的境况，但如果其他人也这样做，鱼类数量就会迅速减少，每个人都会受害，包括超配额捕捞的渔民。许多人经受不住诱惑进行超额捕鱼，而社会制度并不谴责他们，有时甚至会赞扬他们的成功。

但也有少数人不仅遵守分配的捕鱼配额，还努力说服其他人也这样做；他们想方设法地丰富渔业资源，竭力确保其长期可持续性。我称他们为"湖之卫士"，而且我已经清楚地看到，每20 个人中就有 1 个人有资格成为这个组织的一员。你是其中之一吗？

尾声

勿忘你我终有一死。

卡迈恩·福特（Carmine Forte）于 1908 年 11 月 26 日出生于意大利，是一家不起眼的咖啡店老板的儿子，近一百年后，即 2007 年 2 月 28 日，他在睡梦中去世，去世时他是英国男爵查尔斯·福特（Charles Forte），也是一家大型连锁酒店集团——福特集团（Forte Group）——的创始人。福特 4 岁时从意大利移民到苏格兰，26 岁时在英国伦敦高档的摄政街开了一家咖啡店。他很快扩大了自己的餐饮和酒店业务，1970 年被授予爵士爵位，1982 年被封为男爵。当然，福特男爵和他的妻子也以对绘画和其他艺术品的不懈收藏而闻名。

2012 年 6 月，福特的继承人要求伦敦佳士得拍卖行出售逝者的部分藏品。此次拍卖的藏品来自福特夫妇那位于奢华的贝尔格莱维亚区的豪宅。在预展上，佳士得四间宽敞展厅的墙壁上及合适的展柜里陈列着许多物品，证明了福特夫妇高雅的品位和广泛的艺术兴趣：从俄罗斯皇家瓷器到威尼斯风景画，再到福特爵士伏案工作时坐的椅子。拍卖会的最大亮点是潜在的资本与政府关系的悲哀证明：福特从翁贝托二世（Umberto II）那里得到的礼物。翁贝托二世是意大利最后一位国王，1946 年在位仅 34 天，在意大利投票成立共和国后离开，再也没有回来。

拍卖会定于上午 10 点半在拍卖行的主厅进行，这些藏品曾给福特夫妇带来无穷的乐趣。房间里摆放了 50 多把椅子，供感兴趣的人就座，房间两侧的两个长柜台上有 12 名佳士得员工坐镇，他们随时准备接受在拍卖预展上看到过这些藏品，但不愿透露姓名的未知客户的电话订单。在此类拍卖会上，大部分交易都是通过电话进行的，因此买家之间互不见面。房间的墙上挂着几幅待拍卖的画作。其中最引人注目的是弗朗西斯科·瓜尔迪（Francesco Guardi）绘制的威尼斯风景画，瓜尔迪是 16 世纪的威尼斯画家，其独特的风格使一代又一代伪造者模仿他的作品，以至于他死后比在世时更多产。

10 点 30 分，佳士得拍卖行的拍卖师准时走上拍卖台，他手中拿着木槌，这是拍卖行的拍卖师必不可少的。拍卖师的头顶上有一个大屏幕，上面显示着每件拍卖品及最新的出价。屏幕下方将竞拍价从英镑（拍卖用货币）转换成其他五种货币，以减轻不知如何将英镑汇率换算成自己财富计量单位的暴发户的痛苦。拍卖师准备推出第一件拍卖品，一对 19 世纪的大型壁饰，原产地是意大利威尼托，起拍价为 5000 英镑。经验丰富的买手总是坐在后排，这样他们就可以更从容地观察此类拍卖中突然出现的迷人竞争，即两位买家都想得到某件拍卖品，并且各自提高了出价，这往往会远远超出其最初的预算。精明的拍卖师不会在价格低廉的拍卖品上浪费时间。这些拍卖品在 30 秒内就会被拍走，其中还包括为业余买家准备的廉价商品，这些业余买家想在富人沐浴的"奢华湖泊"中徜徉一番，但不欲为此典当自己的房子。价格昂贵的拍卖品会让拍卖师和买家专注大约 1 分钟。而能够吸引有经验的商人和专业收藏家的特别昂贵的拍卖品，买家需要进行电话咨询，经过一番犹豫不决，深呼吸几次，随后才会做出重大决定，这也是可以理解的。这样的拍卖品每件总共需要 3 分钟左右的时间。

10 时 45 分，房间里来了十几个人。其中一个身着西装、面无表情、体态臃肿的男子正在等待一件他心仪的拍卖品——一个镶嵌着黑檀木和黄铜的红色玳瑁衣橱，起拍价为 12 000 英镑。目录详细介绍了制作衣橱的法国工匠团队，事无巨细地描述了这件精美拍卖品的历史。

我们可以想象男爵的妻子第一次见到它时的激动心情，可能是在另一场公开拍卖会上。这个衣橱未能拍出超越拍卖行专家评估的上限价格，以 17 000 英镑的价格成交，像熟透的果实一样落入胖子手中，如果已故男爵知道他收藏的珍贵物品命运如此，他无疑会重新考虑自己备受争议的离世之举。

坐在拍卖厅里的几个人很快就见证了新贵们为获得"老钱"手里零散的装饰品而展开的电话较量。第 13 号拍卖品在房间里引起了一阵骚动。这是最后一任来自萨伏依家族的意大利国王送给福特男爵的四件礼物中的第一件。它是一个墨水台，仿照罗马的迪奥斯库里喷泉制作。这个小雕塑由青金石、斑岩和缟玛瑙制成，竞拍价格不到 1 分钟就从 17 000 英镑飙升到 52 000 英镑，最后由一位意大利买家通过电话拍下，他是王室官邸、喷泉或缟玛瑙的爱好者。

拍卖师是把握时机和节奏的高手，也是运用人声的专家，但面对不受公开拍卖厅里气氛影响的电话竞拍者，他的拍卖效果却大打折扣。电话中的佳士得工作人员仅凭几句话，就能让买家将数万英镑挥洒向空中，这份热情只属于那些试图暂时体验成为自己憧憬对象的人。

从拍卖会一开始，一位衣着光鲜的年轻日本女士就一直坐在拍卖厅里，她在为第 23 号拍卖品——一张简单的玻璃桌——做准备，她以起拍价 200 英镑买下了这张桌子，这给她带来了一种贵族气质，正是为了体验这种气质，她才从一开始就来到了拍卖厅。第 28 号拍卖品是一块来自伊斯法罕的祈祷毯，它让一位衣衫不整、在豪华的大厅里显得格格不入的男子从打盹中惊醒。这位裹着寒酸外衣但经验丰富的地毯商人发现了这块地毯，便顺手把它收入囊中，加入了自己的地毯清单。房间里弥漫着的主人的灵魂，不禁为这件曾在书房迎接客人的精美物品流落异国他乡，流落到他生前从未接触过的人手中而感到悲伤。紧接着，10 个俄罗斯纸盒被抢购一空，之后又有一长串精美的拍卖品被相继拍走，这些拍卖品在它们的年代曾让已故的男爵大开眼界。拍卖厅里出高价的人不多，男爵的珍宝被分散到了几位出价最高的人手中。

一位女士在拍卖厅里打了个喷嚏，差点中断了第 33 号拍卖品（一件红木挂钟）的拍卖。拍卖师稍作停顿，以确定这是不是买主同意加价的信号。那位女士迅速拿出的纸巾让他也相信，与积累财富相比，健康更重要。在场的几个人翻阅着手中的目录，试图估算还有多久才轮到自己感兴趣的拍卖品。

拍卖的平均速度是每件拍卖品不到 1 分钟。数十载的收藏在 3 小时内便无可避免地全部售出。大多数物品的价格都接近最低成交价。剩下的唯一希望就是，这些藏品能给它们的主人带来一点生活乐趣，当然，前提是主人能在众多事务（包括其他藏品）中抽出时间来欣赏这些藏品。

***

我见过你们人类绝对无法置信的事情。我目睹了战船在猎户星座的前沿起火燃烧。我看着 C 射线在唐怀瑟之门附近的黑暗中闪耀。所有这些时刻，终将消逝在时光之中，一如眼泪消失在雨中。死亡的时刻到了。

这是雷德利·斯科特（Ridley Scott）的经典电影《银翼杀手》（*Blade Runner*）最后一幕中罗伊·巴蒂的最后一句台词。这段令人难忘的电影台词后来被称为"雨中之泪"独白。巴蒂是一个仿生人，在一场大雨中，在他短暂的生命即将按照程序走向终结之前，他说出了这段悲伤的话。荷兰演员鲁特格·豪尔（Rutger Hauer）饰演了巴蒂，并创作了他的遗言。此刻，豪尔是作为演员以片中的仿生机器人发言，回顾由辉煌的银河战役编织而成的记忆吗？还是说，他想到了自己作为一个男人的个人记忆——他遇到过和爱过的人，他在童年时期听到的、风吹过时他家花园里的树叶发出的沙沙声，每周安息日的特殊氛围，或者是他自己职业生涯中的高峰和低谷？他已经知道，所有这一切都将像雨中泪般被冲刷而去。

每当想起罗伊·巴蒂的独白，我都会问自己这样一个问题：在我如今的生活中，是否存在一种方法，让我能够影响自己未来对"从未有过的生活"这一问题的反应？我并不是在谈论改变德尔斐神谕的预言，也不是在讲改写希腊悲剧终章里不可避免的情节。既然我无法过别人的生活［套用奥斯卡·王尔德（Oscar Wilde）的话，因为别人已经在过那样的生活了］，那么对我来说，剩下的唯一选择就是充满责任感地过好自己的一生，把握住一生一次、创造有意义生活的机会。

我为书中的一篇文章取名为"某日，在我更年轻时"，这或许表达了对不可逆转的时间流逝的接受，但同时也表明了一个人的乐观态度，正是我们当下的行为塑造了我们在生命尽头想要珍惜的回忆。为了活得有意义，我们应该预先思考我们在临终时会有哪些遗憾。我们应该认识到自己智力的局限性和对偏见的敏感性，并在认识到这一点、了解到自己在宇宙中的有限位置后谦卑行事。如果我们能理解自己与他人何其相似，我们就能秉持包容、慷慨和接纳的态度，这将给所有人带来希望，重要的是，首先会给我们自己带来希望。

版权声明